U0168404

# 多视角下的室内设计

霍维国　解学斌　著

机械工业出版社

CHINA MACHINE PRESS

室内设计是一个多维度的结构体系，既有复杂的内部结构，又有千丝万缕的外部联系，研究室内设计必须从不同的角度进行观察和分析。本书从室内设计众多基本问题中抽出一部分加以审视和探究，从不同的角度对室内设计进行分析，侧重在提出问题和启发思考，目的是使读者对室内设计的本质、原则和发展趋势有更加清晰的了解和深刻的认识。本书读者对象为青年室内设计工作者和正在学习室内设计专业的学生，可作为教学参考书，也可作为室内设计专业的自学读物。

## 图书在版编目（CIP）数据

多视角下的室内设计 / 霍维国，解学斌著.—北京：机械工业出版社，2023.3

ISBN 978-7-111-72606-7

Ⅰ.①多… Ⅱ.①霍… ②解… Ⅲ.①室内装饰设计—研究 Ⅳ.①TU238

中国国家版本馆CIP数据核字（2023）第027474号

机械工业出版社（北京市百万庄大街22号　邮政编码100037）

策划编辑：赵　荣　　　　　责任编辑：赵　荣　刘　晨
责任校对：韩佳欣　陈　越　封面设计：鞠　杨
责任印制：单爱军
北京联兴盛业印刷股份有限公司印刷
2023年6月第1版第1次印刷
169mm×239mm·9.75印张·208千字
标准书号：ISBN 978-7-111-72606-7
定价：69.00元

电话服务　　　　　　　　　网络服务
客服电话：010-88361066　机 工 官 网：www.cmpbook.com
　　　　　010-88379833　机 工 官 博：weibo.com/cmp1952
　　　　　010-68326294　金 书 网：www.golden-book.com
**封底无防伪标均为盗版**　机工教育服务网：www.cmpedu.com

# 前　言

　　本书的主要读者应该是青年室内设计工作者和正在学习室内设计专业的学生。它不是教学用书，而是供各位读者学习室内设计的辅导读物。

　　教学用书注重系统的完整性和内容的准确性，大都提出一些正确的结论。这本《多视角下的室内设计》，侧重提出问题和启发思考，虽然也有作者的一些观点，但并不将这些观点全都视为最终的结论。

　　室内设计是一个新兴的专业和学科，内部结构复杂，外部联系众多。方方面面的问题，都需要室内设计工作者全面地、深入地探索和认识。本书只是从众多基本问题中抽出来一部分，加以审视和探究，目的是和广大读者一起讨论，以期对室内设计的本质、内容、原则和走向等，有一个相对全面和深刻的认识。

　　在本书写作过程中，霍宁和秋静老师在提供资料和整理成果方面提供了很大帮助。在此，谨向两位老师致以谢意。

　　由于室内设计本身具有复杂性，也由于作者的能力有限，书中难免有不少不妥之处，欢迎广大读者给予指正。

# 目　录

# 第一章  引子

苏轼有一首名诗名为《题西林壁》，诗的内容是："横看成岭侧成峰，远近高低各不同，不识庐山真面目，只缘身在此山中。"这是一首写景的诗，写出了庐山姿态万千高耸雄奇的面貌，更是一首哲理诗，清楚地表示观察事物不可主观片面。进一步表明要认识任何事物的真相和全貌，必须超越狭小的范围，从多个视角进行观察和分析，力求避免主观性和片面性。审视任何事物皆应如此，审视本书要讨论的室内设计也应如此。

室内设计既有复杂的内部结构，又有千丝万缕的外部联系。

从内部说，它有众多的构成要素，包括建筑空间、界面、家具陈设、艺术品及自然物。室内设计中的任何一种要素都不是孤立的存在，必须互相配合形成一个整体，它们共同表达设计师的理想，共同成就环境的功能，共同满足业主的需求。

"人"是众多要素中的核心，"以人为本"就是整个设计以人为中心。这里所说的人不是泛泛之人，而是具有特定种族、民族、性别、年龄、职业、经历乃至宗教信仰的具体人。这些人处于不同的时代和地域，观念、习惯、素养、个性、爱好等必然存在差异，室内设计要满足这些特定人的需求自然不是一件易事。

从外部条件说，室内设计要受大环境的影响。这里所说的大环境包括自然环境、人工环境和社会环境。自然环境涉及气候、地形、地貌、资源等因素，人工环境涉及城乡建筑、道路、桥梁等因素，社会环境涉及政治、经济、文化、科技、宗教等因素。

环境是分层次的，室内环境可以说是小环境，在这个小环境之外，还有社区、城市、国家、地区等大环境。环境层次越是接近，关联程度就越高，因此，室内设计从来就不只是门内之事，而是与门外的环境紧密相关之事，包括充分考虑营造小环境能给大环境带来哪些利弊，大环境对营造小环境有哪些有利条件和不利条件。

从以上情况可以看出，室内设计是一个多维度的结构体系。研究室内设计必须从不同的角度进行观察和分析。事实上，世间万物都有一定的复杂性，它们相互作用，相互影响，相互制约，并始终处于不断运动、不断发展、不断变化的进程中。因此，研究包括室内设计在内的任何事物都要坚持采用全面的而非片面的、互相联系的而非孤立的、系统的而非零散的、相对的而非绝对的、动态的而非静止的观点和方法，只有如此，才能对研究的对象具有相对全面和深刻的认识。

本书从不同的角度对室内设计的几个侧面做了审视，并进行了分析，目的是对室内设计的本质、原则和发展趋势有更加清晰的了解和深刻的认识。

# 第二章　内因与外因

## ——室内设计不断发展的内生动力与外部条件

### 一、不断增长的需求是催生建筑环境持续发展的内生动力

建筑环境是人类生活乃至生存的必需条件，不断改善和提升建筑环境的品质是人类社会实践的重要内容。人类对建筑环境的需求不断增长，人类改善和提升建筑环境品质的社会实践世代相传，由此便推动了建筑环境的发展与改善。

巢与穴是人类最早的建筑环境。从巢穴到各式民居，到驿站、茶楼、酒肆、作坊、商铺，再到今日的高楼大厦，历时数万年甚至十几万年。论时间不可谓不长，论变化不可谓不大，但人类改善和提升建筑环境的努力始终没有停止，其原因就是人们对建筑环境的要求从不满足。即便是今天的"豪宅"，在人们的心目中仍不尽善尽美，更非建筑环境的最好模式和终极模式。

建筑环境的发展有一个由低到高的过程。首先，要满足安全方面的需求，要遮风避雨、抗寒避暑，防止禽兽对人的伤害；其次，要满足生产、生活等实用要求，以及生理、心理、情感、审美等需求；再次，要全面考虑建筑环境对人的情绪、思想、品格的影响；最后，还要考虑建筑环境与相关环境的关系。

建筑环境发展的一般表现是先有良好的围护结构，再有足够的活动空间，之后是对空间进行必要的划分，以保证使用者能够正常生活和进行生产劳动。

从采集、渔猎阶段进入农业和手工业生产阶段之后，不同地区的人们交往渐多，驿站、茶楼、酒肆、作坊和商铺等建筑应运而生。建筑环境也由最初的栖身之所，发展成为一个能够适应居住、交通、生产、商贸等多种需求的大系统。

工业革命之后，座座高楼拔地而起，豪宅、酒店、高级写字楼、大型购物中心、影院、

剧场、车站等遍布世界各地，无论从数量和质量上看，都远非昔日的巢穴所能比拟。这一切清楚地表明，人类对建筑环境的需求不断增长且没有止境，正是这种不断增长而又毫无止境的需求，成了催生建筑环境发展的内生动力。

## 二、地理因素与人文因素是影响室内设计发展的外部条件

人对建筑环境的需求不断增长，是催生建筑环境发展的内在动力。地理因素与人文因素则是影响建筑环境发展的外在条件。

地理因素包括地形、地貌、气候、动植物及地下矿藏等，人文因素包括政治、经济、科技、宗教及社会审美意识等。那么，究竟是地理因素对建筑环境的发展影响大，还是人文因素对建筑环境的发展影响大呢？对于这个问题不能下一个绝对的结论，这是因为虽然两者对建筑环境的发展均有重要影响，但在不同的历史时期，各自的影响力却是不尽相同的。一般来说，越是靠近人类文明发展的早期，地理因素的影响力越大，人文因素的影响力越小；越是接近近现代，人文因素的影响力越大，地理因素的影响力则越小。进一步说，即使是处在同一历史时期，不同地区的情况也是不同的：经济、科技发达的地区，人文因素的影响力可能大于地理因素的影响力；经济、科技欠发达的地区，地理因素的影响力则可能大于人文因素的影响力。

为了说清这个问题，不妨把话题拉得远一点，看看人类文明发展的早期是什么状况。

关于人类的起源，说法不少，多数学者的看法是，早期猿人大约生活在距今300万年至150万年。他们能直立行走，能制造一些简单的工具，已经初步具备了现代人的特征。晚期猿人大约生活在距今200万年至30万年。他们能够使用石器并开始用火，北京周口店的北京猿人大概就属于这一类。早期智人大约生活在距今20万年至5万年，特征与现代人接近。晚期智人大约生活在距今4万年至5万年，此时已有雕刻、绘画和饰物，周口店龙骨山的山顶洞人就属于这一类。

古人的住所为巢与穴。

包括我国南方地区在内的热带地区，潮湿多雨，虫兽众多，人们便在树上以树枝树叶筑巢，巢的底部高于地面，既可减少湿气的影响，又可防止禽兽的攻击。印度古人巢居者较多，我国长江中游的先民也以巢居为主。正像韩非子在《五蠹》中所说，"上古之世，人民少而禽兽众，人民不胜禽兽虫蛇，有圣人作，构木为巢，以避群害"。

我国北方干旱少雨，先民们便以穴为家。开始多住天然洞穴，入住后再做或多或少的改动。山顶洞人的山洞本为天然洞穴，改造后则被分为洞口、上室、下室和窖四个部分。洞口可以生火，上室用于住人。生活于黄河中游的先民，也都居住在洞穴中，但这些洞穴大多是人工开凿出来的。黄河中游的黄土高原，土质密实，不易坍塌，开出的洞穴还有冬暖夏凉的

效果。

事实上，世界各地的原始人大都住在洞穴中，在巴西境内发现的远古洞穴，至今已有一万三千多年的历史。在法国发现的远古洞穴中还有大量壁画，被称为史前的卢浮宫。

关于中国先民以巢穴为家的状况，晋代张华在《博物志》中做过如下记述："南越巢居，北朔穴居，避寒暑也。"《礼记》中的记载更有意思，"昔者先王未有宫室，冬则居营窟，夏则居橧巢"。可知巢与穴不仅是先民的栖身之所，还是先王的冬宫与夏宫。图2-1为巢与穴的示意图。

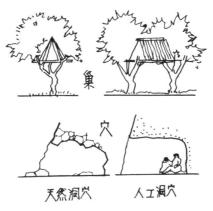

图2-1　巢与穴的示意图

作为人类早期建筑环境的巢与穴，无论从材料、构造还是从营造方法看，都是就地取材、因地制宜的产物，都是在地理因素的影响之下出现的。在我国，远古之巢逐步演变为干栏式建筑，远古之穴逐步演化为窑洞民居，虽然已经隐含了一些人为因素，但更多的仍受地理因素的影响和制约（图2-2，图2-3）。

图2-2　干栏式建筑

图2-3　窑洞民居

人类早期的建筑环境之所以多受地理因素的影响和制约，从人类个体角度看，是知识贫乏、工具落后，难以单枪匹马地克服自然条件带来的不利影响；从人与人的关系角度看，是由于人与人缺乏必要的交流，难以集中智慧和力量。远古时期，人群被分隔在不同的区域，群体之间有高山、沙漠、草原、大河阻拦，不但难于进行文化方面的交流，就连一般的接触也绝非易事。

人群与人群之间的接触与交流是从迁徙、战争和商贸开始的，由此之后，人文因素对于建筑环境的影响便更多地显现出来。工业革命之后，科学技术迅速发展，交通运输日益快捷，信息交流大大顺畅，政治、经济、文化、科技、审美等人文因素对建筑环境的影响日益显著，相比之下，地理因素的影响日渐式微，时至今日，甚至几乎到了被人忽略的地步。

为了说明人文因素对建筑环境的影响，不妨简要地回顾一下欧洲建筑发展和演化的历史。

从公元前8世纪的古希腊到18世纪的洛可可建筑，经历了2600年。在这段历史时期里，欧洲的地理状况没有大的改变，但建筑却经历了从古希腊、古罗马、哥特式、文艺复兴、巴洛克到洛可可等多种风格的变化。

古希腊建筑流行于公元前8至公元前1世纪，以石材为主要建筑材料，属于梁柱结构，代表作是雅典卫城及帕提农神庙。古希腊建筑有定型化的柱式，有精美的雕刻，崇尚人体美，并力求把这种美渗透至建筑。构图上追求和谐、完美与统一。古罗马建筑继承了古希腊建筑的风格特点，又有地中海特色，主要代表作有万神庙和斗兽场，建筑的主要特征是具有厚实的墙体和半圆形拱券，总体风格是雄厚凝重，形式更加丰富。哥特式建筑盛行于中世纪高峰与末期，11世纪下半叶发源于法国，13至15世纪流行于欧洲，代表作是米兰大教堂，主要特征是具有高耸的尖塔、尖拱、门窗套以及绘有圣经故事的花窗。总体风格是高耸神秘，着重表现灵魂迎着神恩，向天国飞腾的意向。14世纪中叶至16世纪末叶，西欧封建势力衰落，资本主义兴起，出现了新兴的贵族和资产阶级。他们为谋取自身的经济利益和政治地位，全力复兴古希腊、古罗马文化，反封建，反神学，宣扬人文主义，要求个性解放，在建筑领域排斥象征神权至上的哥特建筑，提倡古希腊古罗马的建筑风格，大力倡导和谐与理性。文艺复兴时期的代表作有比萨大教堂和凡尔赛宫等。巴洛克建筑出现于16世纪末，盛行于17世纪，中心地为意大利的罗马，代表作是梵蒂冈圣彼得大教堂。16世纪末，以英法为代表的资本主义经济蒸蒸日上，自然科学、唯物主义哲学具有新的发展，宗教改革开始。文艺复兴时期备受推崇的庄重、雄伟和带有古典气息的建筑风格渐渐式微，由此便诞生了率性、野性、放肆的巴洛克风格。洛可可风格是由巴洛克风格演化而来的，它不像巴洛克那样涉及城市建筑和公园，主要是表现在室内装饰上。它追求华丽复杂的装饰效果，格调自由，多用曲线，造型纤细、色彩明快，充分表达了世俗和法国路易十五时期宫廷贵族的生活方式和情趣。从以上介绍不难看出，欧洲建筑频繁演变的主要原因不在地形、地貌、气候等自然条件，而是源于政治、战争、宗教、科技以及统治者的生活方式和情趣，总之，就是源于众多的人文因素。

工业革命之后，建筑环境的发展进入一个新时期，城市膨胀，高楼林立，豪宅、酒店、办公楼、博物馆、美术馆、影剧院、火车站、飞机场比比皆是。所以如此，内因是人们对生活水平的需求越来越高，外因是政治、经济、文化等人文因素的促进以及科学技术的支撑。由此可以看出，人文因素对建筑环境的发展影响越来越大，地理因素对建筑环境的发展影响则是越来越小。

地理因素对建筑环境发展的影响力之所以减弱，关键是发达的交通和灵通的信息大大缩短了人与人之间的距离，使遥远的路程和差别甚大的气候条件等不再成为阻隔资源、人才和技术交流的障碍。此地没有的材料可以从彼地引进，此地缺少的人才可以从彼地邀请，寒冷地区可以用采暖设备采暖，炎热地区可以用空调降温，就连设计理念、方法和形式也可互相借鉴。

如此说来，地理因素对建筑环境的影响是不是就可以忽略不计了呢？并不能，关于这个问题后面的章节将有详细论述。

## 三、地理因素与人文因素本无绝对的隔绝

地理因素与人文因素相互联系，并非毫无瓜葛。这是因为地理因素可以影响人的性格特点，具有不同性格特点的人又可创造出具有与地理因素相关的文明。在这个过程中，人是中介，正是人把地理因素和人文因素联系在一起，使两者可以互动和转化。

有些学者把世界文明划分为海洋文明、大陆文明和岛屿文明，也有些学者把世界文明划分为海洋文明、大陆文明、高原文明和草原文明。不论如何划分，都能让人清晰地看到地理因素与人文因素之间的联系，都能让人明确地感到地理环境不同，文明特点也不同。

让我们稍做分析：从全球情况看，海洋文明可以西班牙、葡萄牙、希腊、荷兰和法国为代表。这些国家最早从事航海贸易，并由此揭开了西方文化的新篇章。在与风浪搏斗的过程中，这些国家的人民养成了独立、进取以及不断认识自然、改造自然、与自然进行抗争的精神。在进行海上贸易的过程中，这些国家的人民必然要强调自由、平等，并由此更加重视个人的尊严和个人的价值。

大陆文明可以中国为代表。中国文化诞生于东亚大陆，中国国土一面为海，三面为高山、大岭与荒漠。由于海的对面没有大陆，中国的海上交通相对不便，于是，中国便长期处于半封闭的状态，并只能以农耕为主要的生产方式。农业经济强化了家庭和家族的地位，弱化了个人的地位。强化了靠天吃饭、崇拜上天和天人感应的意识，形成了求稳求静的心理趋势，但也养成了可贵的家国意识和勤劳、节俭、吃苦耐劳以及不屈不挠的精神。

岛屿文明以英国和日本为代表，兼有大陆文明和海洋文明的特征，主要表现是对内有凝聚力，对外有开放性。以日本为例，陆地面积仅占世界陆地总面积的四百分之一，资源少，危险因素多，光是活火山就占世界火山总量的1/10左右。这些情况使日本民族具有危机感，也由此养成了视野向外的心理以及图小巧、图精致的意识和习惯。

从中国国内情况看，海洋文明可以广东、福建为代表。这些省面对大海，是国内最早对外开放的地区。在向海外移民和从事对外贸易的过程中，这些省的人们开阔了眼界，增长了知识，对外域文化也就有了兼收并蓄的态度和能力。西北高原可以作为高原文明的代表。陕甘等地区为黄土地区，气候干燥少雨，原上沟壑纵横，条件相对艰苦，这就使西北高原的人们养成了一种吃苦耐劳、粗犷豪放的性格。草原文明可以内蒙古等地区为代表。这里的人们大多数从事畜牧业，过着逐水草而居的生活，他们能骑善射，耿直剽悍，与草原有一种特别亲近的情结。

从上述简介中可以看出，不同的地理环境，不同的生活生存条件，会使不同地域的人形成彼此不同的性格心理和行为特征。这些不同会导致文化上的差异，还会进一步影响艺术创作的风格与特征。黄土高原的人创造了激昂苍凉的信天游，高亢昂扬的秦腔和震天动地的腰鼓，使整个艺术极具阳刚美的特性；江南水乡的人则创造了越剧、评弹、江南小调和婀娜多姿的舞蹈，使整个艺术充分显示出阴柔美的特性。

这些情况表明，地理因素与人文因素之间不仅没有跨不过去的鸿沟，还有着千丝万缕的联系。因此，在考察建筑环境的形成与发展时，必须兼顾地理因素与人文因素。

# 四、当代中国室内设计兴起的内因与外因

本书的研究对象是室内设计，因此，有必要特别说说当代中国室内设计兴起和发展的内因与外因。

历史上的中国，没有关于室内设计的说法。当代室内设计中的部分内容，在中国传统建筑当中，被称为内檐装修，主要内容是装饰、家具和陈设。当代中国室内设计是在改革开放之后发展起来的，其速度之快，规模之大，在世界上都是前所未有的。近40年来，中国室内设计在设计实践、专业教育和理论研究方面都已经取得了显著的成绩。

当代中国室内设计是在十分薄弱的基础上发展起来的。改革开放之前，除一些新中国成立前建成的酒店、宾馆、银行、舞厅和少数达官贵人的别墅经过完整的室内设计外，几乎再无其他经过室内设计的建筑。新中国成立之初，经济落后，百业待兴，无论是国家还是百姓都无暇也无力将室内设计提到议事日程上。为庆祝新中国成立十周年而建成的首都十大建筑，虽然经过系统的室内设计，也取得了不少经验，但从当时的国情看，室内设计仍然不可能普及到更大的范围。

改革开放引发了当代中国室内设计的大发展，趋势之猛，让多数人始料不及。改革开放之初，当代室内设计只流行于沿海城市，但很快就普及至全国各地。

当代中国室内设计的发展经历了一个曲折但还不算太长的过程。一开始是盲目模仿甚至照搬西方国家的设计风格，主要项目是酒店宾馆和歌舞厅，后来才慢慢进入住宅等。经过十多年的摸索，中国室内设计逐步摆脱了西式设计的影响，慢慢走上了相对理性的道路，开始探索适合中国百姓生活方式、契合中国地理环境、体现中国优秀文化的新模式。

简要回顾当代中国室内设计的兴起和发展，可以清晰地看到，无论是远古还是今天，促使室内设计不断发展的内生动力都是人们对美好生活的需求不断增长，而影响室内设计发展的外部条件均为地理因素和人文因素。毋庸置疑，影响当代中国室内设计兴起的主要因素是改革开放所引发的种种人文因素，但是，绝不能因此而忽视地理因素的重要性。君不见，今天的中国室内设计师正在潜心创作着，并已经创作出了一大批既有时代气息又有地方特色的好作品。

## 【小结与提示】

本章的主题是探寻影响建筑环境发展的内因与外因。笔者的意见是人们对美好建筑环境的不断追求，是建筑环境不断发展的内因，相关地理因素和人文因素是影响建筑环境发展的外因。人们对美好生活的追求是无止境的，对美好建筑环境的追求也是无止境的。在人们看来，建筑环境没有最好，只有更好，这就是建筑环境必然要不断改善和发展的缘由。

人对建筑环境的需求有一个由低到高的过程，大体上表现为以下三个方面：

一是普适性，就是要满足人们对建筑环境的基本需求和共同需求，既有居者有其屋的意思，也有满足男女老幼、健康人与残疾人共同需求的意思。二是针对性，就是分别满足男人或女人、老人或儿童、健康人或残疾人，以及种族、民族、宗教、习俗、社会条件、经济条件各不相同的人的特殊需求。三是多样性和完美性，就是不仅要满足日常生活起居的要求，还要满足人们工作、学习、生产、休闲、娱乐、健身等需求。

影响建筑环境发展的外因，有地理与人文两大因素。在生产力水平低下、文明程度不高的时期和地域，地理因素对建筑环境的发展影响程度大，人文因素的影响程度小；反过来说，在生产力水平高、文明程度也较高的时期和地域，人文因素对建筑环境的发展影响程度大，而地理因素影响程度小。

地理因素涉及两类基本条件：一类是非生物的自然条件，包括土壤、河流、山脉、矿藏、气候与地形地貌等；另一类是生物自然条件，包括动物与植物。

地理条件对建筑环境形成与发展的影响是从两个方面表现出来的：一是直接影响，主要是材料和气候的影响。很显然，没有土木，也就没有中国传统建筑一直沿用的土木结构；没有合适的土质与地形，就没有窑洞民居；没有丰富的林木和潮湿闷热的气候，也就不会产生干栏式建筑。二是间接影响，即首先影响人的性格，再通过人这个中介影响建筑的内容、结构和形式。例如，以游牧为主要生活方式的游牧民族常用蒙古包，因为它结构轻巧，可拆可装，便于携带，能够很好地适应不断迁徙的生活要求。

人文因素可以细分为社会因素和文化因素，影响建筑环境发展的社会因素指一定的经济基础和上层建筑。其中，对建筑环境的发展影响显著的，是生产方式的进步以及政权更迭、战争等重大事件。经常起作用的则是社会心理，包括从众心理、逆反心理、好奇心理、怀旧心理和炫耀心理等。

文化反映人类的进步，具有时代性，地域性和民族性。建筑和室内环境的发展，同时受政治、宗教、伦理习俗等文化因素的影响，它不仅能促进和制约建筑环境的内容和形式的演变，还能让它们形成不同的风格与特征。正像人们所知道的那样，中国传统建筑和古典园林深受中国传统文化的影响，而像巴黎圣母院那样的建筑和凡尔赛花园那样的西方园林，则深受西方文化的影响。

时至近代特别是现代，生产力水平大大提高，科学技术发达，地理因素对建筑环境形成所带来的种种不利条件几乎都能通过技术手段加以解决。于是，这种环境的发展就基本上全由人文因素来决定了。然而，越是在这种时候，室内设计师们越要努力地在自己的创作中体现地域特色，也就是努力体现本地的气候特点、自然风光、动植物资源以及与之相关的风土人情等。只有如此，才能使建筑环境更有特色。

地域特色往往是与民族特色紧密地联系在一起的。创作具有地域特色和民族特色的作品，有助于弘扬本民族的传统文化，有助于激发本地民众的家国情怀，也有助于吸引其他地域和其他民族的人们观光旅游，推动不同文化的交流。

# 第三章　细化还是综合

## ——室内环境功能的嬗变

　　功能的改变是推动建筑内环境不断改变的首要因素，为此，有必要深入探究当代建筑内环境的功能已经和正在出现怎样的改变，并进一步探究功能的改变能够促使建筑形态发生怎样的变化。

## 一、功能的细化

　　以餐饮建筑为例。

　　传统餐饮建筑分类宽泛，在中国就只有餐馆、酒馆、茶馆等几大类。随着人们对饮食需求的增长和不同饮食文化的大交流，餐饮建筑的类型日益增多。比较单一的传统餐饮建筑已经发展成为一个庞大的体系。单说餐厅就有中餐厅、西餐厅、正餐厅和快餐厅之分。中餐厅按菜系可细分为粤菜馆、鲁菜馆、川菜馆和淮扬菜馆等；按地域可细分为山西菜馆、陕西菜馆、东北菜馆等；按烹调方式可分为炒菜馆、冒菜馆和烧烤馆等；按出品又可细分为面馆、饭馆、饺子馆等。西餐厅是一个笼统的称呼，实际上，概括了欧美各国的餐厅，如法式餐厅、美式餐厅、葡式餐厅等。在我国，还有大量亚洲的日本料理、韩国料理、印度餐馆、泰国餐馆和越南餐馆等，这些不同的餐饮店自然各有不同的内部环境，这些内部环境既要分别反映国家、地区和民族的特点，还要反映菜系和相关出品的特色。

　　科威特四季酒店的Dai Fomi餐厅是一家全日营业的意大利餐厅，它以地中海西西里岛的地理、文化和美食为背景，打造了一处与美食紧密契合的环境。餐厅入口处有一宽大的绿植墙，具有沙漠绿洲的意境（图3-1）。主餐区以绿植墙和火焰柱形成对比。主餐台以玫瑰铜为材料，以意大利传统手工锻造（图3-2）。入口走廊的右侧有三个巨大的铜制火炉，是在澳大利亚定制的，用于烤制比萨和面包，既是重要的炊具，也是一处重要的景致（图3-3）。半圆

图3-1 入口绿植

图3-2 主餐区内景

形座席的设计灵感来自西西里岛的编织，座席后面用西西里岛的熔岩做背景墙（图3-4）。户外用餐区以水晶雕塑为重点，视野非常开阔。

图3-3 铜质火炉

图3-4 半圆形座席

图3-5　入口大厅

图3-6　餐区吊顶

泰国Grilliciouo日式烧烤餐厅位于芭提雅的中心区。整个建筑分为主用餐区、用餐院落、扩展空间和主厨房等六个部分。各部分用原始烧烤篝火坑做分隔，庭园与室内连成一气。斜屋顶与墙间的缝隙将自然光引入，室内光线特别明亮。入口处以红色为基调，凸显欢迎之意（图3-5）。就餐区以植物枝干编制的饰物为吊顶，与精美的家具和吊灯形成鲜明的对照（图3-6）。

英国伦敦Catch餐厅以黑白为主调，顶棚不做特别装饰，气氛沉着而不沉闷，关键是在灯具、材料和盆栽等处下功夫。餐厅中央以群点式吊灯为重点，侧面与单点式吊灯相呼应（图3-7）。砖墙与精致的家具、餐具相对照，数盆绿植靠墙布置，起到了活跃气

图3-7　特色灯具

图3-8　靠墙绿植　　　　　　　　　　　　　　　　　　图3-9　简洁的楼梯间

氛的作用（图3-8）。楼梯间及公共走廊处理简洁，清新透彻，既不喧宾夺主，又有耐看之处（图3-9）。

近年来，亲子餐厅骤然走红，它们以孩子和陪同孩子的家长为对象，着力打造有利于孩子健康成长和利于培养亲情的环境，不仅有适合儿童口味和身心健康的出品，更有充满童趣和梦幻色彩的内部空间。这种亲子餐厅多以明快、丰富的色彩和图案做装饰，多设沙坑、滑梯、蹦床、海洋球池等游乐设施，有的还设迷你厨房、烘焙教室，让孩子们有参与制作的机会，以便得到更多的体验。有些亲子餐厅还设专门的场地，供孩子们演出、社交或游戏。餐厅的设施充分考虑了孩子们的爱好、健康和安全问题，不少亲子餐厅设专用鞋柜，甚至提出了无尘用餐的口号（图3-10）。

主题餐厅更是花样翻新，什么海底餐厅、足球餐厅、钱币餐厅等都有自己的客户群。

餐厅功能的细化反映出人们对饮食要求的提高，而这种功能方面的巨变又必然促使相关室内设计的跟进，使餐厅的形态和内部环境很快出现异彩纷呈的局面。

图3-10 亲子餐厅内景

## 二、功能的叠加

传统建筑功能相对明确：餐厅供客人进餐，旅馆供客人住宿，商店供客人购物……一切都天经地义，没有一丝含糊。但至今天，情况却很不相同了，在书店喝咖啡、在商厦欣赏书法艺术早已成为司空见惯的现象。

以商店为例。

传统商店有两种模式：一是小商店，包括专卖店和杂货店；二是百货大楼。在中国，传统的百货大楼五六层高，按商品特性以及商品与人的关系，由下而上依次布置糖果、化妆品、服装、鞋帽、小家电等各种商品。每层的面积大多为货架、柜台、过道所占用，几乎没有什么可供顾客休闲和缓冲的地方。现如今，这种传统的百货大楼几乎不见了，有的已经更新改造，更多的则被大型购物中心所取代。

大型购物中心是功能叠加的典型，在这里不仅有供人购物的超市及专卖店，还有许许多多的餐厅、冷饮店、书店、展览厅、电影院、游泳池、滑冰场、健身房以及儿童游戏场等休闲娱乐设施。

北京芳草地是一个典型的现代购物中心，除了诸多购物、餐饮、休闲空间之外，还有许许多多的艺术品穿插在各个空间。人们在购物、餐饮和游览的过程中，可以同时欣赏艺术品，享受艺术氛围。室内环境的品质也因为有了艺术氛围而得到了提升（图3-11、图3-12）。

图3-11　中庭雕塑

图3-12　饮冰室旁的雕塑

图3-13 深圳龙岗万达广场内景之一　　　　图3-14 深圳龙岗万达广场内景之二

　　深圳龙岗万达广场是功能叠加的又一范例。

　　该广场地上6层，地下2层，总面积达30.5万m²。广场中央有一超大中庭，贯通整个建筑，内有高达30m的世界最高的室内商业扶梯，由底层直达顶层，有长达77.77m的玻璃栈道，还有一个面积为2500m²的巨型天幕（图3-13、图3-14）。

　　该广场将功能的叠加提高到一个新的高度。更借助空间、时间和机能的延伸与拓展，将原本单纯的购物环境提升为生活环境、社交环境、文化环境乃至微型旅游度假环境。

　　这是一种由量变到质变的飞跃，是商业建筑在业态、形态甚至性质方面的大转变。

　　迪拜购物中心是全球最大的购物中心，总面积达45万m²。内有1200多家商店、200多家餐饮店、奢侈品店和书店，更有全球最大的室内水族馆、室内滑雪场、沙漠喷泉、探险公园和高达6层楼的巨幕电影院（图3-15、图3-16）。

　　北京芳草地、深圳龙岗万

图3-15 室内水族馆

图3-16　海底餐厅

达广场和迪拜购物中心都是由于功能叠加而出现的新兴的环境模式。它表明，传统功能模式和环境模式已经很难满足人们日益增长的需求，新兴功能模式和环境模式的出现是自然的也是必然的。

## 三、功能的延伸

前述功能叠加是指功能性质不同的空间部分组合成一体，其情形很像搭积木。这里所说的功能延伸是指原有功能的向外扩展，向外扩展出来的功能与原有功能密切关联，可以说是从原有环境功能中自然生长出来的。

以航站楼为例。

航站楼的基本功能是为乘机和转机的旅客提供服务。传统航站楼大体上由进港大厅、安检厅、候机厅、出港大厅和转机大厅等组成。航站楼内也有一些附属空间，如餐厅、商店等，但所占比例不大。如今，新型航站楼与传统航站楼的差别越来越大，主要表现是充分考虑了进港旅客及转机旅客可能因为种种原因而延误登机时间，从而为他们提供了更多的可以消除焦虑、消磨时间的空间环境。这些空间环境不是硬加上去的，而是从原有空间当中自然而然地延伸出来的。新加坡樟宜机场航站楼就是一个典型的例子。

樟宜机场航站楼启用于1981年，该航站楼不仅从航空方面看是极其先进的，从为旅客服务方面看，也是相当完美的。航站楼内有大量配套的餐饮、休闲和娱乐设施，还有顶级购物中心、免费影院、健身中心、儿童游乐场、美容美发中心、按摩室以及胶囊旅店。航站楼内有一个巨大的森林公园，实际上是一个阶梯状的室内花园。花园内有供人休息的座椅、宜人的步道、撩人的水景、迷宫世界和多个特色独具的餐厅，更有茂密的热带雨林、高架于空中的玻璃栈桥和花园景观区。蝴蝶园中有数千只蝴蝶上下翻飞。航站楼的中心有7层楼高、高约40m的世界最高的室内瀑布，循环水飞流直下，十分壮观，夜晚更有灿烂的灯光表演（图3-17、图3-18）。

图3-17　机场瀑布　　　　　　　　　　　　图3-18　森林谷一角

樟宜机场航站楼的做法在近期建成的其他机场中也有一些体现，如上海浦东机场航站楼设置博物馆，广州白云机场航站楼引进广州名牌小吃，成都双流机场航站楼设置"小睡室"等。

樟宜机场航站楼的出现是环境功能不断延伸的明证。环境功能的延伸会引发建筑环境空间的扩张，与此同时，还必然引发环境要素的增加和环境布局的更新，并从而提高环境整体的效能。

## 四、功能的多义

传统建筑环境的功能相对单一。随着社会经济的发展以及人们思维方式和行为方式的改变，某些建筑环境的功能也往往被重新定义，并由此而出现许多新的空间形态。

以办公室为例。

传统办公室大多为封闭的六面体，虽有大小之别，空间形态却大同小异。空间内往往只有一桌一椅或几桌几椅，供一个人或几个人办公。这种空间形态强调安全和静谧，人员之间的联系协作则处于比较次要的地位，许多政府机关的办公室就是如此。

当今，各种公司相继出现，许多大公司人员众多。这种公司强调相互协作、团队精神、高节奏与高效率，故大多采用开放式办公室。在这种办公空间内，每个人都有一个独立的位置，而这些位置又同时处在一个大的空间之内。有些开放式办公室为软化环境，体现比较亲切的氛围，大量设置绿植，并通过大型玻璃窗等将外部景观引入室内，又被称为景观办公室。

近年来，IT行业迅速发展，这些企业强调员工的创造力，注重灵感与效率，一般都不采用"朝九晚五"的上班制。企业不要求员工死板地坐在自己的位置上，但员工却常常自觉加班。针对这种情况，这类公司的办公环境大多采用极为自由的格局，不仅有工作位置，更有齐备的休闲娱乐和健身设施。员工可以边玩儿边工作，在玩儿的过程中凝聚和显现自己的想象力。亚马逊新总部就是这种办公环境的典型。

亚马逊新总部位于美国的西雅图，新总部由三个球形的建筑构成，是一个体量极大的庞然大物。为了使员工在这里获得独特的体验，公司从各地收集了四万多株、400多种热带植物，硬是将公司总部融入于热带雨林之中。这里有飞流直下的瀑布，蜿蜒曲折的小桥，有高大的绿墙，还有一个4层楼高的绿色圆柱以及一颗高达16.8m的大榕树。办公席位更是独具特色：员工的办公位置是一个被植物包围的空间；供几个人进行讨论和开小会的场所被设计成一个个鸟巢似的"树屋"，悬挂在半空之中。公司注重与社会建立广泛的联系，为社会上的人提供有益的、健康的服务。大厦底层有接待中心，免费接待参观者，还欢迎小学生到这里接受科普教育（图3-19、图3-20、图3-21）。

图3-19　办公楼内景

图3-20　吊在空中的"树屋"

图3-21　楼内休息区

　　从上述几例可以看出，所以出现不同类型的办公室，是因为人们对办公环境的要求和理解不相同：采用封闭式办公室意在强调环境的安全和静谧；采用开放式办公室意在强调团队的协作精神；采用自由、灵活、融于自然的办公室意在鼓励个人的顿悟和唤发个人的灵感，并由此激发员工的创造性。还有一些办公室强调"家庭"气氛，刻意将办公室打造成舒适温馨的环境。总之，办公环境的不同，归根结底是源于人们对它定义的不同。

再以教堂为例。

兴盛于中世纪的西方教堂多为哥特式。它们有相似的平面、宽敞的空间、挺拔的尖顶，还有大量雕塑、绘画等艺术品。巴黎圣母院是哥特式教堂的代表。它兴建于1163年，建成于1345年。正面有双塔，高约69m，后塔高约90m。平面为横翼较短的十字形，被直径5m的圆柱分隔为五个部分。空间略显狭窄，但十分高耸。明显的竖线条将人类视线引向上方，反映了信徒对于与上帝沟通的渴望，给人以逐渐向天国靠拢的遐想。绘画都以耶稣圣母、圣婴为主题，都是世界级的珍品。以巴黎圣母院为代表的哥特式教堂，气氛凝重庄严而有些神秘，立意的重点是表达上帝的至尊、信徒的虔诚。在这种环境中，大部分信徒都会有一种诚惶诚恐的感觉（图3-22）。

由约翰逊设计的于1980年竣工的迦登格罗夫水晶教堂与巴黎圣母院的情况完全不同。该教堂位于美国洛杉矶的南部。它以桁架为主要结构，形成了一个巨大的无柱空间。桁架与覆盖其上的一万多片色彩柔和的银色玻璃，使教堂内部更加宽敞明亮。教堂可容万人，光是高坛之上，就可供1000多名歌手和乐手演唱与演奏。教堂管风琴是世界五大管风琴之一。教堂气氛舒展轻松，置身其中的信徒和游客毫无拘谨更无紧张之感，人们的心理距离被拉近，信徒与上帝的距离被缩短，正像筹建者罗伯特·舒勒博士所说，"我要建的不是一座普通的大教堂，而是一座人间的伊甸园"（图3-23）。

图3-22　巴黎圣母院内景

图3-23　水晶教堂内景

位于美国洛杉矶的圣母天使大教堂是世界第三大天主教堂。教堂由西班牙建筑师乔斯·拉法尔·摩尼欧设计，由主体建筑、广场、花园和水池组成。主体建筑以混凝土为主材，造型简练，风格明朗，没有传统教堂常用的穹顶，也没有彩色玻璃窗，整体风格很有一些后现代主义建筑的味道。教堂入口有一圣母像和青铜门，青铜门的上面有一醒目的十字架（图3-24）。教堂的中心是一个高达11层楼的中庭，光线充足，空间高敞，可同时容纳3000多名信徒。中庭上有大型钢制吊灯，配备着球形玻璃灯罩（图3-25）。南北墙上共有25幅精美的挂毯。整个教堂为一座12层高的楼房，除中庭外，还有商店、书店、餐厅、展区等，供信徒及游客使用。教堂定期或不定期地举办艺术展和音乐会。除此之外，教堂还有会议中心、教区办公室和牧师的住宅。从以上情况可以看出，该教堂不仅是广大信徒做弥撒的地方，也是世俗百姓参观游览、了解宗教的场所。从某些方面看，还有一些社区活动中心的味道。

在连续介绍了三个教堂之后，不难得出以下结论：同为教堂，定义却不完全相同。巴黎圣母院的定义是突出上帝的地位，激发人们飞向天国的欲望；水晶教堂的定义是拉近人与上帝之间的距离，让教堂就是天堂；圣母天使大教堂赋予教堂低调内敛的气氛，还要让教堂成

图3-24　教堂外观

图3-25　教堂中庭

为社区的中心，成为教徒和非教徒都能够适应和喜欢的地方。

办公室的功能可以有多种定义，教堂的功能也可以有多种定义，如此情形，自然会引发不同的设计思路，从而使建筑内环境更具多样性。

## 五、功能的蜕变

对原有建筑特别是对具有一定文化和历史价值的建筑进行改造和再利用，已成时尚。许多老工厂、老仓库、老住宅甚至老教堂纷纷被改造成办公楼、商店、餐厅、咖啡馆、书店、图书馆、展厅或会议厅，其做法和成果大多得到了人们的赞扬和肯定。

图3-26　书店内景之一

北京有一家名为模范书局的书店，是由一座具有百年历史的天主教堂中华圣公会教堂改造而成的。教堂内高耸的穹顶、华丽的天花、斑斓的玻璃窗及满墙的欧式书架均被保留，共同散发着大量的历史信息。这些古老的欧洲元素与京味十足的中国木雕等中国元素相结合，形成了中西合璧的格局。在这里，读者可以席地而坐欣赏音乐，也可以到咖啡厅一边看书，一边细品咖啡。图书馆的第二层设有展厅，不时更换展览的内容（图3-26、图3-27）。

图3- 27　书店内景之二

葡萄牙波尔图创新中心的办公处是由一座旧仓库改造而成的。内部空间被划分为若干层，划分出来的各层则进一步被划分为丰富、灵活、开敞的空间。办公形式多元，有相对独立的办公区，有开放式的团队工作区，还有会议室和可为员工减压的休闲区。开放区位于各层中间，表达了鼓励团队成员密切合作的意向。办公楼接一个后院，内设餐厅、健身房和游戏厅。改造后的办公处依稀可见原来的结构，这些结构与现代化的办公设施共存，也算是新旧文化的共融（图3-28、图3-29）。

图3-28　办公处内景之一

比利时的一栋住宅是由营房和库房改造而成的。住宅的主人是一位房地产企业家，他钟爱这座历史建筑，把它看成艺术珍品。改造后的住宅兼办公室，保留了原有建筑的外形与框架，还部分地保留了室内的原有风貌。这一切，都充分地表现出住宅的主人对文化历史的尊重。

上述几例的共同点是建筑环境的功能蜕变，犹如凤凰涅槃，浴火重生。这种功能上的蜕变，必然带来环境形态的突变，从而大大改变原有环境的样貌。

总之，无论是功能细化、功能叠加、功能延伸、功能多义还是功能蜕变，从根本上说，都是人们的需求不断高涨的反映。新需求催生新功能，新功能催生新环境。

图3-29　办公处内景之二

室内设计反映生活方式，生活方式的改变催生环境功能的改变，由此必然要有新的环境与之相对应。

从环境功能发展的总体上看，环境功能将同时向细化与综合两个不同的方向延伸，专业性的空间将明显增多，综合性的空间也会大量涌现。在两者之间，还会存在着大量的中间形态。

# 【小结与提示】

在这一章，笔者通过"功能的细化""功能的叠加"等标题，着重说明建筑的功能正在或大或小地，或快或慢地、或显或隐地发生着这样那样的变化。

这些变化有个总趋势，那就是沿着两个不同的方向，向两个端点延伸。

文中提到了商店。商店向"细化"一端延伸的结果是必然出现众多的专卖店，包括只售某类商品的专卖店，如渔具店、扇子店、筷子店以及只销售某种品牌商品的品牌店，如阿迪达斯、皮尔卡丹、爱马仕等品牌专卖店。向"综合"一端延伸的结果是必然出现集售货、展示、娱乐、体育、游览、观光、餐饮等于一身的商业综合体，直至成为城市中的微型旅游点。

文中也提到了书店。书店向"细化"一端延伸的必然结果是出现众多专业性强的书店，以及专门针对某个特殊群体的书店，如农业书店、文艺书店、古旧书店以及儿童书店等。向"综合"一端延伸的必然结果是出现"售书+X"的新模式。这里的"X"可能是咖啡、简餐，可能是书法展、绘画展、雕塑展、服饰展、工艺品展、植物展，也可能是讲座、研讨、培训、咨询等活动。总之，这样的书店已不是单纯卖书的地方，而是一个学习的中心、交流的场所，甚至成为城市的客厅。

万变不离其宗，不售货不能称之为商店，不卖书不能称之为书店，但毋庸置疑的是，这种以单纯售货、卖书为业态的商店和书店一定会越来越少，取而代之的必然是专业化程度高或综合性程度高的新业态。

再以居住环境为例。在一个相当长的时期里，人们对老年人的居住环境并未给予足够的重视。除专门的养老机构外，普通住宅的室内空间很少考虑老年人的特殊需求，并采取相应的措施。近年来，国家和相关部门相继提出了"通用无障碍设计"的概念和要求，就是要全面关心包括老年人、孕妇、儿童和残疾人等在内的所有人的身心健康，充分考虑所有人的体能和感知能力，为所有人提供完善、安全、舒适、便捷的环境。

建筑功能的变化每时每刻都在发生。室内设计师应洞察建筑功能改变的趋势，提供新的建筑环境，适应这种改变，推进这种改变，让人们在新的建筑环境中，充分享受新生活，接受新服务，感受新体验。

建筑功能的改变会引发建筑环境的改变，反过来，建筑环境的改变，也会加速建筑功能的改变。建筑功能的改变，是人们生活内容日渐丰富的表现，也是人们对环境质量的要求越来越高的表现。

# 第四章　简单还是复杂

## ——日益多样的建筑形体

建筑形体与建筑功能相联系，建筑功能的改变必然引起建筑形体的改变。如今的建筑，类型丰富、功能多样，恰如前一章所表达的那样，正在向着细化与综合两个不同的方向延伸，传统的建筑形体很难适应这种迅速发展的势态，于是，在常见的立方体、长方体、半圆体、棱锥体等建筑形体之后，便逐渐出现了大量新奇的形体。

新形体的出现，自然也有审美方面的原因，因为方盒子式的建筑形体，已使人们的审美陷入逐渐疲劳的状态。

新形体的出现，还与科学技术的发展密切相关。数字化设计为设计非几何形体的曲面体提供了方便，新材料和新技术的发展，则使各种新形体的实现成为可能。

## 一、非几何形体空间隆重登场

从设计方面讲，非几何形体空间的增多，得益于数字化设计的应用及普及，正是有了数字化设计才使自由曲线、自由曲面、自由形体的设计成为可能。从营造方面说，非几何形体空间的增多是因为有了钢材、铝材、合金、塑料等材料以及网架等结构，正是因为有了这些材料和结构，才使非几何形的建筑能够成为真实的建筑。

伊拉克裔英国女建筑师扎哈·哈迪德是设计非几何体形建筑的先行者，光是在中国她就先后设计过广州大剧院、北京银河SOHO、望京SOHO及南京青奥中心等作品。这些作品以崭新的形象面世，让见惯了几何形体建筑的人们颇感惊奇和兴奋。

广州大剧院是扎哈涉足中国设计市场的第一个项目。它外形圆润、粗犷、自然，被称为"圆润双砾"，能够让人联想到流动的珠江和江水冲刷的石头。剧院内部多以清水混凝土饰

图4-1　广州大剧院大厅内景　　　　　　　　　　　　图4-2　广州大剧院剧场内景

面，界面交接流畅，很难看到生硬的直线和直角（图4-1、图4-2）。

　　位于北京的银河SOHO借鉴了中国院落的布局，用几个圆润的建筑构成了一个连续流动的空间（图4-3）。几个建筑各有中庭和交通枢纽，自然光线充分、柔和（图4-4）。围绕中庭布置办公、商业、娱乐和餐饮用房。不足之处是，由于每层总体平面近似环状，故每个房间均呈大小不等的扇形，使用起来不是特别方便和充分。

图4-3　北京银河SOHO外观　　　　　　　　　　　　图4-4　北京银河SOHO中庭内景

南京青奥中心又称南京国际青年文化中心，总建筑面积为49万m²，地面以上的建筑面积为46.78万m²。该中心由两座塔楼和裙房组成，远远望去形似帆船。裙房内含有大型宴会厅及中小会议室、1917个座位的保利大剧院音乐厅、商业广场以及诸多娱乐与健身空间（图4-5）。

由马岩松领衔设计的哈尔滨大剧院坐落于哈尔滨松北区的文化中心岛，内有一个1600座的大剧场和一个400座的小剧场。外形为三维曲面体，是哈尔滨的标志性建筑（图4-6）。大剧场采用了世界上少有的方法引入自然光，既丰富了非演出时间的采光效果，又达到了节能环保的目的。剧场内采用多岛式看台和流线形的造型，与外观相互呼应（图4-7）。大剧场外设观光廊和观景平台，可供人们领略哈尔滨市独特的湿地风光。

图4-5　南京青奥中心内景

图4-6　哈尔滨大剧院远观外景

图4-7　哈尔滨大剧院剧场内景

## 二、异形空间时有显现

除自由体空间外，在当代建筑中也出现了一些棱柱体、棱锥形以及由它们穿插、叠加组合而成的复杂形体。有些建筑外形相对简单，却将内部装修做得十分复杂，显示出令人难以琢磨的样貌。

荷兰莱利斯塔德市的安哥拉剧院（新文化中心）外观还算简练，但内部形态却相当奇特。该剧院共有753个座位，主厅的界面延续了外形的折叠手法和颜色：用大量三角形带有纹理的中密度板和光滑的石膏板拼装而成，表面形态如折纸一般，不仅满足了声学方面的要求，还具有强大的视觉冲击力（图4-8、图4-9）。

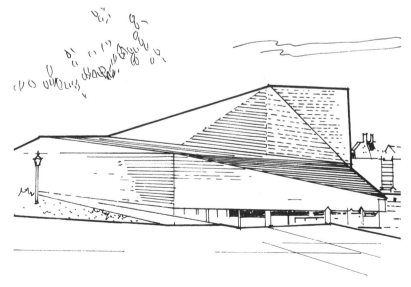

图4-8　安哥拉剧院外观

图4-9　安哥拉剧院内景

韩国建筑师金孝晚设计的Archi-Fiore是一栋5层的综合楼，位于龙仁市的京畿道。其外观酷似一个巨大的金属花团，故也被称为"建筑之花"。它的顶部呈曲线形，与韩国传统住宅的屋顶有相似之处。但从整体造型看，应属波普艺术风格，具有很强的商业性。它的结构是钢筋混凝土的，屋面是金属板的。建筑师就是希望以这样的一个造型独特的建筑表现出建筑超越时空的生命力，寻找现代文化与传统文化互相融合的可能性。整个建筑共分5层，第一层是咖啡厅，第二层是餐厅，第三层是办公区，第四层和第五层是复式住宅，顶部为屋顶花园。该建筑外形奇特，内部形象更加复杂。图4-10、图4-11所示分别是它的外景与内景。

非几何形体及异形空间的兴起，有助于打

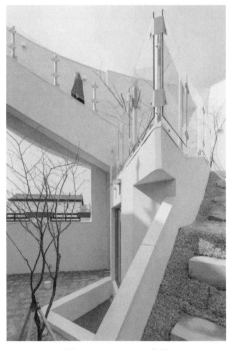

图4-10　Archi-Fiore外景

图4-11 Archi-Fiore内景

破建筑形体单调刻板的局面，但就其自身而言，也有一些弱点和局限性。一是内部空间形状独特，难于布置家具和设备；二是面积利用不够充分。因此，这类形体相对适合于剧院、展览馆等大型公共建筑。如果用于住宅和宿舍等建筑，就会更加凸显自身的弱点。

## 三、大跨空间明显增多

随着建筑技术的不断发展，大跨建筑日益增多。传统建筑空间组合多数是由数个单个空间组合起来的，其情形很像搭积木。即便是大型建筑，如中国的宫殿寺庙等，也是由多个被称为"间"的单元组合而成的。这种空间难免有许多柱或承重墙，使用上灵活性较小。以钢网架等为承重结构的大跨建筑，内部没有柱子和承重墙，分割起来自然灵活，使用起来也更加方便。以航站楼为例，建筑整体大多是一个巨大的空间，内部的区域如购票区、登机手续办理区、安检区、候机区以及商店、餐饮、医疗等房间，几乎全是用隔断、栏杆、绿植或轻薄的墙体划分出来的。

大跨建筑多用于航站楼、展览馆、超市等公共建筑。图4-12所示是上海浦东机场航站楼内景，图4-13所示是西安北客站的内景。

图4-12　上海浦东机场航站楼内景　　　　　　图4-13　西安北客站内景

　　伦敦千禧体验馆应该是大跨建筑的典型。1996年，英国政府决定在北格林尼治举办迎接和庆祝21世纪到来的庆典。体验馆的设计任务落到了罗杰斯团队的身上。由于时间紧、工程大，设计团队决定采用一个类似马戏团使用的帐篷的方案。具体做法是以12根桅杆支承一个大棚，象征每年有12个月。大棚内直径达到了365m。设计之初，政府决定该建筑的寿命为一年，换届之后的新政府却改变了主意，将建筑的寿命延长，改为相对永久的建筑。为此，设计团队使用了更加耐用的屋顶材料。项目于21世纪到来之前竣工，开工时，曾经引起有关部门的争论，最终结果是它成了欧洲最大也是最为成功的公共场所。

　　千禧馆未必能够复制，但它所提供的启示却有普遍意义：一是现代技术可以为特大跨度的建筑提供支撑，二是大跨建筑的开放性和灵活性是它的特点，也是它突出的优点（图4-14）。

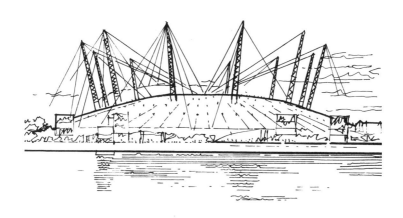

图4-14　千禧体验馆的外景

## 四、中空的大体量建筑越来越多

酒店、商厦都希望采用大进深的建筑，但进深越大，中间部分的采光和通风就越困难，因此，近年来便出现了大量中间通高、被称为"中庭"的中空建筑。这类建筑以中庭为中心，沿周围布置客房或者店面，已成酒店、商厦等建筑最为常见的形式。中庭的上部有玻璃顶采光，使中庭更显明亮高敞。中庭内有大量座椅、雕塑、喷泉、廊亭和绿植。中庭周围还有纵横交错的扶梯、连桥、直梯和观光梯。人们置身其中，或闲坐、或品茶、或观看表演、或欣赏美景，自然十分惬意。图4-15、图4-16是两个商厦的中庭的内景图。

建筑形体走向多样化是必然趋势，其结果将是简单的形体与复杂的形体并存与共荣。

图4-15　商厦中庭内景之一　　　　　　　　图4-16　商厦中庭内景之二

# 【小结与提示】

面对二战后刚刚出现的"国际式"建筑，人们常有"千篇一律""千孔一面"的感觉，还贬义地把它们称之为"方盒子"。在建筑功能日益丰富、科学技术空前发达的今天，建筑的面貌已大大改观，不仅有常见的比较方正的建筑，还有了许多形态新颖的建筑。

非几何形建筑和多棱多角的异形建筑的出现，曾使人们为之一振。可以预料，诸如此类的建筑在一定的时段内还会有一定的发展，但是，这些建筑确实也有相当明显的局限性，那就是难以形成较为方整的内部空间，难以充分地利用使用面积，难以布置常用的家具与设备。因此，它们更适用于展示、演艺、体育、娱乐等建筑，而难于用于办公、住宅和宿舍等建筑。

图4-17所示的是一幢异形建筑的内景。

图4-17　多棱多面的内部空间

大跨度建筑和中空的大体量的建筑，则可能得到更大的发展。因为这些建筑形态更贴近当代人的审美倾向，也更加容易适应当代人丰富多彩的生活。瑞姆库哈斯在普利茨奖颁奖典礼上的致辞中说："一所房子可以被看成一个巨大的房子，一所房子可以被看成一个小型城市，一个城市也可以被看成是一个巨大的房子"。这段话有点绕口，但我们仍然可以感到他是在强调空间的地位。他欣赏的不是狭小的被界面死死固定的空间，而是更具有开放性的空间，是人们可以在其中轻松和谐地生活，可以在其中喝咖啡、上网、看书，可以席地而坐，也可以欢快游戏的空间。很显然大跨度和中空的大体量的建筑具备这样的特点。

# 第五章　清晰还是模糊

## ——变化莫测的内部空间

"生活无界"似乎已经成为一种新趋势：一物多用如沙发可坐可卧，被称为产品无界；封闭空间减少，开放空间增多，必要时可以转换，被称为空间无界；内部空间与外部空间相互渗透，甚至连成一体，被称为内外无界；灵活空间增多，如多功能厅既可作为会议厅，又可作为宴会厅或者展厅，被称为功能无界。

何以如此？大背景是交通便捷、信息通畅，地球成"村"。人们的眼界开阔了，思想拓宽了，生产方式与生活方式以及与之相应的生活情趣和审美倾向也随之多样了。"生活无界"是发散性思维在行为方式上的一种反映。

"生活无界"早已有之：戏曲与歌曲本来是界限分明的两个艺术门类，"戏歌"的出现则模糊了两者之间的界限；芭蕾舞与游泳本属两个不同的领域，"花样游泳"的出现，则模糊了芭蕾与游泳的界限。

从根本上说，事物的性质都是相对的，而不是绝对的。提起无彩色，稍有彩色知识的人，很快就能想到白与黑，但却有可能忽略了介于白黑之间的灰。介于白黑之间的灰色，有的偏白，有的偏黑，深浅不一，无法数计，却有强烈的表现力。中国水墨画从色彩上说就是深浅无数的灰色的大演绎。因此，研究包括室内设计在内的任何事物，都不能采取非黑即白的态度。

## 一、内外空间的界限逐步模糊

内部空间可为人们的生活起居、学习、工作提供相对安全、安静的环境，让人们少受人为因素和自然因素的不利影响。但也正因如此，又很容易将新鲜空气、和煦的阳光及桃红柳绿、莺歌燕舞、蒙蒙细雨、皑皑白雪等自然条件和自然景观阻隔在外，使人们失去亲近自然、欣赏自然和享受自然的机会。近年来，环境设计界流行起"室内设计室外化"和"室外设计室内化"的主张和做法，其目的就是要兼收内外环境之利，让人们既能防范自然条件可能带来的不利影响，又能有更多的机会接触大自然。

### 1. 室内设计室外化的几种基本做法

（1）做法之一是"引进"

包括直接引进花草、树木、卵石、块石等自然物，也包括用自然物打造绿地、花坛、假山、瀑布、喷泉、小溪、壁泉、小路、孤石、散石、步石等自然景观。引进自然物或打造自然景观的室内环境可大可小，大的近似室外花园或公园，在这里，人们可以观光、休闲、品茶、进餐、办公或开会，前面提到的樟宜机场航站楼及亚马逊总部办公楼就是这种做法的代表。有些空间范围较小，无法形成大的自然景观，可视情况用盆栽、插花、丛竹等加以点缀，此类空间也会具有一定的自然气息（图5-1）。

图5-1　将自然景观引入室内　　　　　　　　图5-2　具有自然气息的露台

有些建筑附设阳光室或景观阳台，尺度虽小，但有情趣，同样具有室内设计室外化的特点（图5-2）。

（2）做法之二是"模拟"

即采用现代技术模拟风霜雨雪、阴晴圆缺、朝霞夕阳等自然现象和自然景观。在这方面，澳门威尼斯人酒店的做法具有代表性。该酒店在第三层楼以意大利水城威尼斯为蓝本，以一条运河为主轴，打造了一处极具水城特点的景观环境，成了酒店中极红的打卡地。运河水面不宽，沿岸分列各式店铺。河上有数座小桥连接两岸，水上有多只贡多拉（一种尖形的小船）来往穿行。划船的姑娘身着盛装，引吭高歌，凭栏而立者和路上的行人无不为优美的

图5-3　运河风光　　　　　　　　　　　图5-4　运河中的小船

歌声所打动。仰望天空，天蓝云白，殊不知，这迷人的空中景象都是用现代光电技术和影像技术完成的（图5-3、图5-4、图5-5）。

（3）做法之三是"仿建"

城市景观离不开街道和广场。人们行走在街道上，常被周围的霓虹灯、招牌、橱窗、树木所吸引；徜徉在广场上，则会有意无意地看到或行或止的人群，因此，如果能在室内营造出街景或形成一种广场的气氛，就会使人们产生身在室外的感觉（图5-6、图5-7）。

（4）做法之四是"借景"

借景是中国造园中最为常见和

图5-5　运河两岸的商店

图5-6 室内的"沿街店面"　　　　　　　图5-7 室内的"广场"

最为巧妙的方法。传统做法是通过景廊、景洞乃至门窗等将他处之景借到赏景者所在之处，形成以洞口为画框的画面。如今，建筑技术发展，借景形式增多，不仅能够通过较小的洞口借景，还能通过大片玻璃窗、柱廊等扩大借景的范围（图5-8）。

图5-8 大玻璃窗借景

日本虹夕诺雅·轻井泽酒店是一座现代感很强的奢华酒店，但在设计中却牢牢地把握着建筑与地段的关系、人工环境与自然环境的关系。业主与设计师高度重视基地的价值和已有的生态系统，竭力体现人与大自然共同发展的理念。酒店以池塘作为中心景区，中心景区和周围建筑都是"让人永远眺望的地方"。更远处有山谷、森林、梯田、河流、窄桥和散步小道。论树种，有枫树、青榆和檀香。为了将室内与室外空间紧密连接在一起，所有客房都有观赏四季景观的机会（图5-9）。与此同时，还设计了若干个开敞式阳台和檐下的灰空间（图5-10）。

图5-9　从客房看外景

图5-10　客房外的灰空间

（5）做法之五是"象征"

枯山水是日本园林中常见的景观。枯山水的起源与佛教禅宗有关，据说这种景观会有利于僧侣的冥想与修行。最初的枯山水多见于寺庙的庭院，如今，也出现在住宅及其他建筑中。其意义是以白沙象征水，以块石象征山。从普遍意义上说，枯山水重在创造宁静的气氛。由于真山水本属自然景物，在人造空间中，枯山水自然也就有了真山真水的意向（图5-11、图5-12）。

图5-11　枯山水景观之一

图5-12　枯山水景观之二

## 2. 室外设计室内化的基本做法

室外设计室内化与室内设计室外化角度不同，大方向却完全一致，就是共享内部环境和外部环境的长处，实现人工环境与自然环境的高度融合。

室外设计室内化的常见做法是在庭院中、露台上或屋顶上设计亭子、花架，或利用太阳伞甚至阔大的树冠作为遮阳物，在其下设置休闲桌椅，使之成为人们聊天、品茶、休息的场所（图5-13、图5-14）。有些室外"起居室"除设沙发、餐桌外，还增设简单的炊具和相关的设备。

图5-13　室内化的外环境

图5-14　室内化的露台

## 二、封闭式空间与开放式空间的界限逐渐模糊

以往的室内设计大都强调功能分区，如今的室内设计则更加看重空间的开放、灵活与共享。

大型商业中心可集商业、餐饮、办公空间于一体，其间，除少数在安全方面有较高要求的空间被设计成封闭空间外，其他空间往往没有绝对的分隔，其格局可以根据需要随时进行调整。下面，以办公空间为例，做一些具体的分析。

从前的办公空间由于员工人数基本固定，大多采取按人头配备桌椅的模式。如今的办公空间，特别是企业的办公空间，由于办公人员经常有变，已逐渐摒弃了一桌一椅的模式，而采用多种模式并举的做法。其中，会有部分一桌一椅的座席，供相对稳定的人员使用；同时，还会有一些开放性的办公空间，供临时增加的员工使用。小型会议室有所增加，除供员工开会、进行集体讨论外，可作为灵活使用的备用空间。此外，还会有一些休闲空间，供内外人员交流和休息。

办公空间的这些变化是办公模式不断变化的反映。如今的一些企业不仅有本单位的员工办公，还可能有外单位的协作人员参与办公，不仅有相同专业的员工一起办公，还可能有不同专业的员工联合办公。办公空间已经不是专供摆放桌椅的场所，而是生产信息的地方。人员随时变化，家庭办公、酒店办公、视频会议等各种新型办公模式的出现，会使办公人数和办公空间的形态更加具有不确定性，从而也就要求空间环境更具开放性、灵活性和多样性。

丹麦能源公司Orsted吉隆坡总部的办公处是这种空间的典型（图5-15）。

图5-15　丹麦能源公司Orsted吉隆坡总部办公处内景之一

该公司是一家全球海上风能开发机构。总部的空间设计灵动多元，充分考虑了随着工作方式的变化及时调整工作位置的可能性。在这里，有社区休闲中心式的工作区，有可以根据需要灵活开发和组合的工作区，包括独立席位和协同办公的席位；还有多功能区和综合办公区，这里的座席可以随时调整，以支持简短快速的小组讨论及小型会议。封闭的会议中心位于楼层的中心位置，目的是将阳光、景观让位于工作区（图5-15、图5-16）。

半封闭半开放的空间还多见于宾馆和展厅。

某宾馆公共区以过厅为中心，过厅周围有咖啡厅、计算机房及休闲角，这些空间均与过厅相连，但又相对独立，它们向过厅开敞，与过厅和其他空间均无绝对的阻隔。图5-17是一个休闲角，它的平面呈三角形，四五个这样的休闲角呈锯齿形排列，位于过厅的一侧，完全开放，但又不受路过客人的干扰。

图5-18是一个计算机房的外观，这种计算机房专供客人临时使用，面积六七平方米，内有计算机桌、座椅和相关设备。它用隔断隔成，不易受到外界的干扰，但又有门洞、窗洞与过厅相通。

封闭式空间与开放式空间的界限逐渐模糊，表明人们的生活方式与工作方式正在发生变化，总趋势是向开放式发展。这种情

图5-16　丹麦能源公司Orsted吉隆坡总部办公处内景之二

图5-17　相对独立的休闲角

图5-18　既封闭又开放的计算机房

形不仅出现在大型公共建筑中，也出现在住宅等小型建筑中。在如今的住宅中，以沙发组、茶几和电视墙三大件为中心的客厅正在减少，许多业主会根据个人和家庭成员的爱好和需要，在客厅中增设书柜、书架和书桌，将客厅打造成为既可读书又可待客的空间；有的业主撤掉了大件家居，目的是为小孩的活动腾出更多的空间；厨房与餐厅一体化的做法也有所增多。这一切都表明，传统意义上的功能分区正在弱化，曾经相对清晰的空间界限已经越来越模糊。

## 三、空间界面的界限逐渐模糊

传统空间界面及界面之间的界限是很清楚的。以长方体空间为例，其6个界面分别为正方形或长方形，并有12条清清楚楚的棱线，即界面与界面的交线。如今的一些建筑，界面的界限已不那么明显，以至于让人分不清哪个界面是天花，哪个界面是墙面。非几何形建筑和异形建筑的内部空间自不必说，即便是外形方方正正的建筑，其内部空间也存在着界面界限模糊的状况。

模糊界面界限的情况有两种：一种是把界面本身做成曲面的或多面的，故意形成"水天一色"或"不辨东西"的状态；另一种是在装修过程当中，在原有界面之外另做表层，故意把本来清楚的界限搞模糊。图5-19是一个美术馆的内景，由于内部空间类似窑洞，除地面有清晰的边界外，墙与天花的界限根本无法辨别。图5-20是一个鞋店的内景，众多皱折形的条板既是放鞋的隔板，又是形象鲜明的装饰。这些条板故意遮挡墙、地面和天花板的交界线，由此，人们也就很难分辨哪里是墙面，哪里是天花板。

图5-19 某美术馆的内景

图5-20 某鞋店的内景

## 四、建筑实体与家具设施的界限逐渐模糊

西班牙马德里的Puerta America酒店的老板邀请了多位设计师为其酒店按楼层进行室内设计。酒店各层平面一样，老板请设计师们自由创作，自己则采取放任不管的态度。扎哈·哈迪德设计了第二层，含1个门厅，2个套房和28个标准间。在门厅，扎哈·哈迪德用弯曲的塑料板塑造了3D景观，灯具扭曲，酷似抽象雕塑，长椅与波浪起伏的墙面连成一体，间接照明使门厅更具圆润朦胧的气氛。客房中，床、桌、椅、沙发和衣柜均与墙面连成一体，很少出现生硬的交接线（图5-21、图5-22）。设计师之所以采用如此做法，是为了创造一种简洁、新颖和富有动感的形态。这种做法有一定的局限性，但也提供了有益的启示。

扎哈·哈迪德的这种做法还见诸北京的一个商业中心，该中心门厅的柜台也是与建筑实体连接在一起的（图5-23）。

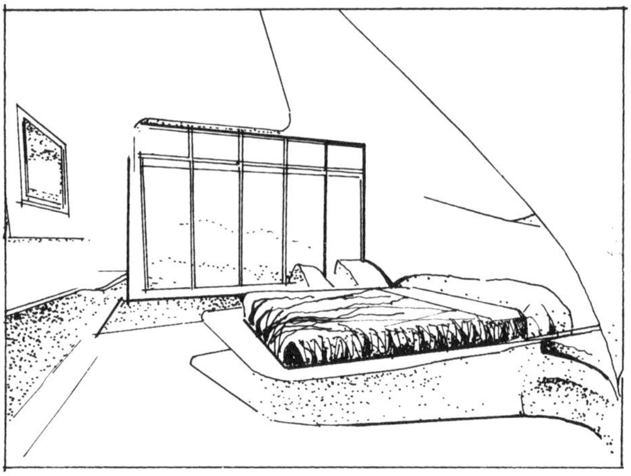

图5-22 客房内景

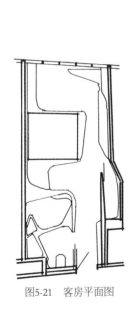

图5-21 客房平面图

图5-23 某商业中心门厅柜台

## 五、建筑空间与建筑地段的界限逐渐模糊

专业人员常把内部空间与外部空间之间的过渡部分称为"灰空间",如出入口的雨棚及门廊覆盖的空间。但这些空间的范围相对较小,功能有限,只能为上下车和出入建筑的人们提供一些防风避雨等庇护。如今,许多建筑常将底层的一部分或全部架空,将架空层的地面与基地直接连接。这种架空层可用于躲避风雨、集散人流、经营餐饮。而与架空层相连的地段,则可以成为架空层的延伸,在这里,同样可以摆放桌椅,配置相关设施,供人们餐饮、休闲、观景或者开展娱乐、体育等活动。

山东济宁市美术博物馆是由日本建筑师西泽立卫设计的,坐落于湖边,周围有大量树木和植被。济宁有传承已久的水文化,为此建筑师不仅将项目建立在湖边,还将建筑主体设计成荷花形。整个建筑以院落为中心,既有中国传统院落的意味,又能密切内外空间的联系。应该特别提及的是,该建筑底层的地坪与室外广场同处一个高度,直接相连,室内活动可以向室外扩展,室外景观可以向室内渗透,如此,建筑的底层便与基地连成了一片,而彼此难分。该建筑的周围还有一整块自由起伏的大挑檐,挑檐覆盖的空间可供人们休息,也可作为室外展览场地。支撑挑檐的柱子极细,目的是尽量不遮挡室外的景观(图5-24)。

图5-24 室内地坪与室外地坪相连

某美术馆位于海边,内空间为洞穴型,其中的部分洞穴与室外相通。室外部分可以成为露天展场,不仅可以扩大展览面积,还能沟通内外,让观众的视线直接向大海延伸(图5-25)。

图5-26所示建筑位于海边的悬崖之上,入口前的部分与建筑底层地坪相通,既像道路,又像挑台,与建筑已无明显的界限。

在上述几个小节中,我们分别谈到了建筑环境中不同空间和

图5-25 向大海延伸的露天展场

不同要素的界限逐渐模糊的现象，下面，让我们以海口云洞图书馆为例，进一步看看相关的情况。

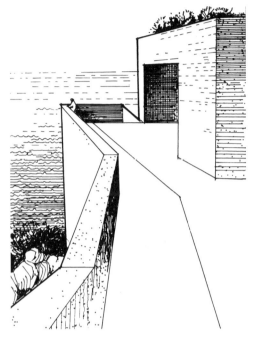

图5-26 室外与首层地坪相通的实例

　　海口云洞图书馆由马岩松和MAD建筑设计事务所设计，位于海口世纪公园的西北侧。 整个建筑包括图书馆、表演空间、观景台、露台等多个部分。在这里，人们不仅可以看书，还能观景、休闲，探索和感受不同的美对人们生活的意义。在这里，室内空间和室外空间是相互沟通的。不少空间似内似外，非内非外，亦内亦外（图5-27）。界面的界限是模糊的，很

图5-27 空间性质的模糊

难分清哪里是天花，哪里是墙面，大都是无缝连接的（图5-28）。建筑环境内的家具、设备如座席、书架等，往往也与建筑实体连成一体，从而也就模糊了家具、设备和建筑实体的界限（图5-29）。

随着时间的推移，室内环境中空间性质模糊及各要素界限模糊的现象，有可能日益增多，更加明显。模糊性的存在将会成为常态。

图5-28  界面范围的模糊　　　　　　　　　　　图5-29  建筑与家具设备的结合

## 【小结与提示】

当代人，特别是当代的年轻人，审美趣味日益多元化，基本倾向是喜欢新颖的、少见的、灵活的、多变的事物，不愿为死板的、一成不变的模式所束缚，逐渐流行的"生活无界"就是这种心态的写照。

在本章中，笔者着重谈到了空间性质、界面范围等逐渐模糊的问题，这种模糊实质上就是"生活无界"的意识在建筑环境设计之中的反映。

封闭空间与开放空间的界限将进一步模糊。除少数场所，如医院、实验室等建筑会增加一些封闭的、只有少数人在其中从事某种相对单一的专业性很强的业务活动外，多数空间会走上开放、灵活、多变的道路，包括形成"一物多用"的多功能空间，如既能召开大会，又能举办大型宴会和大型展览的多功能厅，也包括改变空间形态之后，可以开展多种活动的灵活空间。

内外空间的界限将逐渐模糊，主要着眼点是实现内外空间的沟通，尽可能地让内部空间具有外部空间的特点。主要措施是通过露台、阳台等把内外空间联系起来，或通过柱廊、大玻璃窗等把室外的阳光、空气和自然景观引至室内，让身居室内的人能够呼吸到新鲜的空气，享受到和煦的阳光，欣赏到远山、近水、森林、草地、庭园等富有生机的自然风光。

纽约东汉普顿庄园是一所私人住宅，其阳台上有一露天起居室和餐厅。考究的壁炉是起居室的焦点，枝条交错的榆树似是起居室的"顶棚"。这一切就使这个本属外部空间的场所，完全具备了内部空间的特点，也成了内外空间性质模糊不清的范例（图5-30）。

图5-30　内外空间界限模糊的实例

建筑与基地的界限也在逐渐模糊。常见的情况是充分利用架空层和与之相连的空地，把它们用于商业、餐饮、展示、民间艺术表演、大众体育活动，使人们有更多的参与感。与室内的封闭空间相比，这种空间会使人们的心情更加放松，更有亲和力。

图5-31表达了住宅与台阶形基地的关系，由图5-31可以看出，台阶形基地简直就是住宅的自然延伸，是住宅的一部分。

图5-31　建筑与基地界限模糊的实例

住宅是一种空间组合相对稳定、各空间的功能相对明确的建筑类型，其中的客厅、卧室、餐厅、厨房、洗手间等几乎都有明确的用途和范围。但是，近年来已有很多建筑师和室内设计师，正在着力改变这种空间组合相对稳定、空间功能相对明确的状况。从总体布局看，设计师们正在尽最大的可能，使内外空间相勾连，创造视野宽阔、富有想象力的布局。从内部空间组合看，设计师们正在考虑生活方式可以发生的变化、人口结构可能发生的变化以及年龄和健康等方面必然要发生的变化，并以此为考虑问题的出发点，打造"会成长"和"全民化"的内部环境，这类住宅的空间组合具有调整的余地，也就是具有较好的切换性。

总之，在封闭空间与开放空间、内部空间与外部空间、建筑与基地之间都存在着广阔的中间地带，建筑师和室内设计师可以尽情地游走于这个地带，创造出丰富多彩的空间形态。

# 第六章　风格与无风格

## ——无风格也是一种风格

## 一、关于流派与风格的一般论述

在文学艺术中素有流派与风格之说。

流派，在汉语中，原指水的支流，在文学艺术中则指特定的思潮。它是在特定的历史背景下，由一批思想倾向、学术观点、审美主张、创作方法大体一致的学术家、艺术家宣扬和推动起来的。历史背景鲜明的流派如以工业革命和世界大战为背景的现代主义及后现代主义等，影响范围广，影响力度大，持续时间长；反之，一些小的流派，如室内设计中的光亮派、白色派等，无论从时间、空间和力度上看，影响力都很有限。

与流派相近的是风格。风格泛指独特于他人的观念与行为，在文学艺术中，主要指艺术作品的格调与面貌。风格与流派有不同之处，流派主要表现为思潮，风格主要表现为样式，人们常说的某某"主义"大体指流派，某某"式"大体指风格。

中国传统文艺中也有流派和风格之说，但从文艺理论看，人们更加看重艺术家的品格以及作品的立意、内容、技巧和意境，也就是作品的品位。

以诗为例，研究者常把诗划分为田园诗、山水诗、边塞诗以及所谓的婉约派和豪放派等，但这种划分的主要根据是诗的内容和意境。

再以京剧为例，在须生中有包括马派（马连良）、谭派（谭富英）、杨派（杨宝森）、奚派（奚啸伯）在内的"后四大须生"；在旦角中，有包括梅派（梅兰芳）、程派（程砚秋）、尚派（尚小云）和荀派（荀慧生）在内的"四大名旦"。做出这种划分的依据，同样不是所谓的思潮，而是代表人物的唱腔和演技。

中国传统建筑中也有以派冠名的，如京派建筑和徽派建筑等，但它们都不是某种思潮的反映，它们与北京四合院、四川吊脚楼、陕北窑洞和藏式碉楼一样，都是地区性的建筑，均受当地地理和人文因素的影响，因而都有与其他地区的建筑不同的形式。也就是说，即便是以"派"冠名的建筑，也不是某某思潮的反映，而是与地域性密切相关。

从上述情况看，在中国传统艺术中，虽然也存在着派与风格的说法，但其含义与西方的所谓流派是很不相同的：第一，西方的流派是由或大或小的群体宣扬和推动起来的，而中国传统艺术中的流派则是由具有代表性的艺术家创建下来的；第二，西方的流派多是某种思潮的反映，既为思潮，就会有起有落，有些流派流行一段之后便逐渐消失，而中国传统艺术中的流派则会广为流传，历久弥新，有的甚至成为宝贵的民族财富；第三，中国传统艺术中的流派无论从技术上看，还是从形式上看，都有世代传承的痕迹，以致日臻完善，而不是像西方所谓的流派那样朝来夕去，很快潮起，很快潮落。

提出上述看法的目的在于说明，在相当长的历史时期内，中国建筑和室内设计并不过多地强调流派与风格，真正谈及建筑与室内设计的流派与风格应该是从最近几十年才开始的。

## 二、流派与风格在当代中国室内设计中的显现

在中国，现代意义上的室内设计是从改革开放之后兴起的。在中国传统建筑中没有室内设计的概念，类似室内设计的工作被称之为内檐装修，工作范围远远小于当代的室内设计。

在改革开放至今的40多年中，中国室内设计飞速发展，到今天，无论是从规模上看，还是从速度上看，都是世界上绝无仅有的。室内设计在中国已经形成了一个庞大的专业和相对成熟的学科。

关于室内设计的流派与风格，中国室内设计师有一个由相对盲目到比较清醒的认识过程。这个过程可以粗略地划分为三个阶段，即模仿阶段、探索阶段和提高阶段。

模仿阶段大约处于改革开放之初的几年。那时候，现代意义的室内设计对中国室内设计师来说，还是一个新事物，以至于在设计任务涌至面前的时候，不得不采取"拿来主义"的做法，即模仿甚至照搬国外的主要是西方的做法和式样。于是，希腊柱、罗马拱、洛可可纹样等蜂拥而至。欧陆风情、地中海风情、美式、日式等风格的室内设计由沿海地区兴起，很快就进入更多的地区。这个阶段的室内设计有一个突出的特点，就是"重装饰"，即利用图样、纹饰、色彩、灯光等制造富丽堂皇的气氛，彰显业主或经营者的财富和地位。但是，时间不长，便有大批室内设计师对此情形提出了质疑，他们认为盲目模仿甚至照搬国外风格和做法，既是地域上的错位，也是时间上的错位，一味使用装饰美化环境乃是室内设计任务的本末倒置。正确的方向和做法应该是设计出既有中国文化韵味，又有现代气息，适合中国人需求的作品。从此，中国室内设计便进入了探索阶段。

探索阶段大约处于改革开放的第二个十年。这一时期内，室内设计教育、环境艺术教育在中国高等学校中迅速普及，中国室内设计者参与国内国际学术交流的机会日渐增多。眼界开阔了，思路拓宽了，有一定独创性的室内设计也就逐渐多了起来。传统中式、新中式等都是在这一阶段出现的。

提高阶段出现于最近20年。在这一阶段，中国室内设计的水平显著提高，并已形成了多种风格并存的局面。首先，富有中国文化气质的新中式、轻奢新中式、带有东方文化韵味的禅式设计逐步完善，并在较多的领域特别是住宅中得以应用。其次，欧式、美式、日式等域外风格在特定环境当中仍然得以存在，并且有了新的发展。国内的一些法国餐馆、日本料理、韩国料理、泰国餐馆等的室内设计大都具有与经营内容相应的风格与特色。第三，"无风格"设计或"去风格"设计已被提到议事日程，并逐渐被一些设计师所接受。有风格设计与"无风格"设计并存，大大促进了室内设计风格的多样化。

## 三、当代中国室内设计的主要风格

从模仿阶段进入提高阶段之后，中国室内设计日渐成熟，无论注重风格的设计还是主张无风格的设计，都有诸多优秀的作品。

从总体上看，当代中国室内设计中常见的风格有以下几种。

### 1. 传统中式

重在反映中国传统文化，包括传统内檐装修的某些做法、内涵和理念（图6-1）。基本做法是采用明清式家具，使用传统陈设和饰品，如字画、牌匾、瓷器、盆花、古玩和幔帐等。

图6-1　传统中式风格

色彩以黑红为主，布局多取对称式，格调高雅，端庄稳定，自然质朴，具有修身养性的境界。传统中式出现较早，但总体气氛比较沉重，难以适应当代人特别是年轻人对轻松舒适生活的偏好，故已逐渐被新中式风格所代替。

## 2. 新中式

总的做法是将中式环境要素与现代材料和技术紧密结合，既能满足当代人的生活习惯，契合当代人的审美需求，又能体现传统文化的精神。从布局上看，仍然倾向于稳定与和谐，但尽量消除传统做法的呆滞感。从要素上看，不是把传统元素简单地堆积在一起，而是精心选择，删繁就简，不求形似，而求神似。从空间上看，注意保留传统空间的层次感，但更加开放通透。同样是用屏风、隔扇等分隔物，但构造和花式更加简单。色彩仍以黑红为主，但也常常使用白灰等较为素雅的色彩，偶尔也用黄绿蓝等中国传统建筑中的常见色彩作点缀。个别情况下，还可能用金属、玉石、黄铜等画龙点睛，起到重点提示的作用。造型方面，多用直线直角。材料方面，适时采用传统砖木，让环境更加自然朴素。总之，所谓新中式，就是追求传统文化、现代气息与当代人的生活方式、工作节奏、审美倾向的融合与统一（图6-2）。

图6-2　新中式风格

## 3. 禅式

"禅"来源于"禅宗"，为宗教的一个派别，主张静坐敛心，止息杂念，达到一种神秘的境界。相传在南朝宋末由古印度传至我国。至唐，分为南北两派，南宗主张顿悟，北宗主张渐悟。公元12世纪，禅宗传至日本。之后，在西方也产生了一定的影响。

禅式室内设计就是把禅的理念引入生活，提倡物质简单、精神丰富的生活方式。禅式风格的室内设计常常采用开放有序的布局；追求平淡、内敛、简洁、自然、清净的气氛；注重细节，少用装饰，讲究品位，几乎没有多余的陈设。禅式建筑，钟爱山水，常取山水之势，让环境成为自然之境。禅式风格，力求将东方意蕴与当代美学相结合，做到华而不俗，简而不陋，在看似并不繁缛的形式下，包含丰富的内容。禅式风格，不似欧美风格那样张扬，不似中国传统风格那样凝重，不似田园风格那样清新，它着重塑造的是凝神聚气、洗涤尘埃、消解压力、放松心情的意境。

中国人喜欢品茶，故多在茶室等环境使用禅式风格（图6-3）。

顺便提及，日本也有所谓禅式设计，其风格与中国的禅式设计相似；不同的是，他们多用暖色，更加欣赏天然材料的纹理和气息，在总体环境中，还往往打造出一些更利于冥想的空间。

在当代中国室内设计中，并存着多种风格。以上几种只是常见而又富有中国文化韵味的。除此之外，也不乏欧式、日式、美式乃至黑白风、工业风、混搭风等多种多样的风格。图6-4为工业风之一例。

图6-3　禅式风格

图6-4　工业风

# 四、"无风格设计"的内涵与积极意义

"无风格"或"去风格"是近年来在建筑设计和室内设计领域出现的新的理念，核心思想是不拘泥于风格，不从某种特定风格入手，而是着眼于功能，从解决功能与形式的矛盾入手，以地理、文化、技术、业主需求为切入点，寻找合适的形式，显示设计的特色。功能、形式、材料、施工、经济、业主需求等因素之间，可能会产生或大或小的矛盾，设计师未必能够全面满足各个方面的要求，但至少要找到解决问题的最大公约数。

在"无风格"设计者看来，风格是体现特色的一种手段，但也不必从一开始就确定某种风格。从某种意义上看，无风格而特色突出的设计其实就是有风格。无风格设计重视功能，重视业主需求和设计师的个性，把提高作品的水准作为终极目标，看起来是摆脱现有风格的束缚，实际上则可能大大促进风格的多样化。

辩证法认为，矛盾的双方在一定条件下是可以向相反的方向转化的。当人们全力追求所谓希腊式、罗马式的时候，当希腊柱、罗马拱、西方雕塑绘画充斥室内环境的时候，欧陆风情确实风光了好一阵儿，但不久，人们就发现这种风格的室内设计都有相似的面孔，于是，曾经大力寻求的风格，便逐渐失去了原有的特色，转化成为无风格。当人们全力追求所谓传统中式风格的时候，当室内设计中充斥着明清式家具、屏风、博古架、隔扇以及瓷瓶、文房四宝、线装书籍等摆设的时候，传统中式也风光了好一阵儿，但此类风格的室内设计同样走上了相互雷同的境地。反观所谓的"无风格"，不以某种风格为模式，只以室内环境的本源为依据，却能够使室内环境异彩纷呈，使室内设计从"去风格"转化为多风格。

# 【小结与提示】

艺术家的风格是艺术家在一定历史条件下，在思想情感、审美趣味和艺术技巧等方面，积淀下来的相对稳定的特征。艺术风格既有艺术家的风格，又有时代风格、地域风格和民族风格等。

室内设计师进行室内设计时，既可以从某种风格着眼，也可以从"无风格"入手。

当设计项目在时代性、地域性、民族性等方面具有较高要求时，如项目为国家会堂、国家展馆、使领馆，或者是专营某国、某地、某民族菜肴的餐馆时，从风格着眼可能是合适的。当设计项目为一些常见的建筑类型，如住宅、宿舍等，或专业性很强的项目，如医院、实验室等，则不必预先设定什么风格，也就是可以从"无风格"的角度入手。

图6-5所展示的是我国人民大会堂宴会厅前的大楼梯，很显然作为国家性建筑中的一个重点，理应充分反映我国的文化特色，特别是民族特色。对于这样的项目，从风格着眼无疑是可行的和必要的。

图6-5　人民大会堂宴会厅前的大楼梯

事实上，无论是着眼于"风格"，还是从"无风格"入手，其成果都会或多或少地显示出一定的风格。有三种可能：第一种是显示设计师刻意强调的风格；第二种是显示设计师虽未刻意强调但又自然流露出来的源于设计师本人的好恶、习惯和技巧的风格；第三种是虽然按"无风格"设计，但人们在成果完成后又赋予它某种风格，如把某医院、某实验室定义为"现代式"等。由此可见，着眼于风格和从"无风格"入手，往往会出现殊途同归的结果。

说到风格，不少人常把注意力集中至形式，甚至式样上。例如，一说到中式，马上就想到隔扇、花罩、幔帐、明式家具、宫灯、博古架、文房四宝及线装书等。其实，在注意到这些物质存在的同时，应该更加关注、理解和运用传统文化中的相关理念，如"天人合一""自然而然"崇尚伦理等理念以及中国艺术的审美趣味，如内省、含蓄、内秀、恬静、清幽、淡泊、循规、守拙、方正、完整等。除此之外，还要努力挖掘和发展我国传统建筑中优秀的做法和经验。

# 第七章　趋同还是趋和

## ——在文化趋同的背景下，坚持室内设计的多样化

### 一、关于文化的一般论述

文化有广义与狭义之分。广义文化是指人类创造的物质财富、精神财富以及在实践过程中形成的思维模式和行为模式。狭义的文化专指教育、科技、文学与艺术等。

文化具有民族性、地域性和时代性，并多以民族形式表现出来，如共同的语言、共同的风俗习惯、共同的心理素质及共同的宗教信仰等。

文化的内涵或者说文化的形态有三类，即物质文化、制度文化和精神文化。制度文化指规章、规范、标准等。精神文化含哲学、宗教、文学艺术、科学技术以及风俗习惯等。

文化中那些长期在历史发展中形成并保留在现实生活之中的相对稳定的部分，属于传统文化。与传统文化相对应的是外域文化和现代文化。

文化具有一定的稳定性，又有明显的动态性。文化的动态性表现在两个方面：一是传承，二是传播。传承是纵向发展，系指本地、本国、本民族的文化按照祖传父、父传子、子传孙或师傅带徒弟的模式世代传递，在传递中实现新陈代谢，摒弃落后的部分，加入先进的部分。中国的中餐、中医、功夫、戏曲、舞龙、舞狮、刺绣、剪纸等文化的发展，大体都属于这种传承的模式。传播是横向运动，系指不同地域、不同国家、不同民族的文化相互交流，推动各自文化的发展。中华民族大家庭中各民族之间的文化交流以及中西、中日、中印之间的文化交流，都属于横向发展，即传播。

文化的发展是历史的必然，文化的稳定性是相对的，文化的动态性是绝对的。

不同文化的交流早已有之，但在人类文明发展的早期，交流规模很小，成果也不明显。

这是因为人群之间多有阻隔，联系起来十分困难。最初的交流往往是由战争、迁徙等引起的，之后才有使节、商人、传教士、探险家的推动和参与。即便如此，早期的文化传播仍然是困难重重，很难取得丰硕的成果。

工业革命之后，情况大大不同了。交通便捷，地理上的距离已经不再成为交流的障碍；信息通达，使人们个个耳聪目明。时至今日，观光旅游、外交活动、学术交流、经贸往来已成社会生活的常态。不同国家、不同地区、不同民族之间的文化交流已经成为推动社会进步的重要力量。

文化交流的过程多数是平和的，有时也是激烈的，甚至充满冲突与对抗。

在一般情况下，强势文化会向弱势文化流动，这一方面是因为强势文化可能具有先进的成分，另外一方面也是因为强势文化的后面可能有强权，强迫弱势一方接受自己的文化，殖民主义者强迫原住民放弃原有文化，接受殖民者的文化，就是这种情形的例证。

在多数情况下，文化交流会表现出一个由浅至深的过程。最先涉及的大多是最容易交流的部分，如生活方式，然后才逐渐深入到比较深刻的层次，如思想观念等。以我国改革开放后的情况为例，在平民百姓中，首先接触和流行的是港台歌曲、牛仔裤、喇叭裤、麦当劳和肯德基等，之后，才逐渐深入到经济、教育、科技等领域。

文化交流的结果多种多样，可能是旧文化被摒弃，由新文化取而代之；可能是原有文化的一部分被保留，再融入一部分新文化；也可能是取人之长，补己之短，呈现出以我为主的态势。由此，新文化和原有文化便可能出现代替、并存、混搭、嫁接、重组、融合等多种情况。

"并存"是一种常见的存在。以中西文化为例，中文与英文、中餐与西餐、汉服与西装、功夫与拳击、民族舞蹈与国际标准舞蹈、民族唱法与美声唱法就全是并存的。从室内设计角度看，一栋别墅中既有中式客厅，又有西式客厅，就是不同文化背景的室内环境同时并存的实例。

"混搭"与并存相似，在室内设计中往往指数种不同文化背景的要素存在于同一环境中，如室内的沙发和茶几是欧式的，但同时又陈设着中式瓷瓶、非洲的木雕、东欧的水晶制品等。古今要素同置一处，也是一种混搭，其意义与中外要素混搭一样，都在于表达不同文化是可以共处的。

浙江一处民宿，地处一个风景优美的小山村。室内环境既有古老韵味，又有现代气息。家具设施在不少方面呈现出混搭的格局：大厅的一部分是壁炉和沙发，另一部分是中式长桌和木椅，这是中西要素的混搭。其中旧梁柱、旧土墙、旧家具、旧瓷器以及木头、石头等材料，富有历史感，具有生命力，仿佛是年长的智者，正在向年轻人讲述着早已过去的故事。

这些古老的结构和陈设，与现代家具设施形成对照，可以看成是古今要素的混搭。该民宿环境要素众多，但色彩与质地基本统一，格调自然质朴。虽属混搭，但并无突兀之处。

"嫁接"指的是两种或两种以上的具有不同文化背景的环境要素相组接，形成一种新的形态。嫁接与混搭不同，混搭后的要素仍然是相对独立的，嫁接后的要素则是一体的。侨乡的许多建筑是华侨出资兴建的。广大华侨身处异国他乡，一方面对从未见过的西方建筑抱有兴趣，希望将其引入自己的故乡，另一方面又对本国、本民族、本地区的文化怀有深厚的情感，于是便出现了将西方建筑的构配件和做法与中国传统建筑的构配件和做法嫁

图7-1 形似木结构的钢筋混凝土屋架

接在一起的情况。如有的亭子立柱是古希腊的陶立克柱式，而亭顶则是中国的琉璃攒尖顶；窗子的窗套来自西方建筑，窗格则是中国式。

"融合"是不同文化相互渗透，呈现出你中有我，我中有你，难分彼此的情况。从室内设计看，总体格调既有现代感，又不失中国韵味的室内环境，大体上就属于这一类。如目前流行的所谓新中式。

图7-1所示的建筑结构形式酷似中式木结构，材料却是钢筋混凝土的，就是一个文化融合的实例。

在简要地介绍了文化的定义以及文化发展演变的一般情况之后，我们具体地分析一下，中国室内设计究竟受哪些文化的影响，以及在这些文化的影响下，会出现哪些新的发展趋势。

## 二、中国传统文化对中国室内设计的影响

中国传统文化对中国古代社会的方方面面都有深刻的影响，其中的许多思想如"道法

自然""天人合一""和而不同""知行合一""自强不息"等思想，直到今天仍有积极的意义。

中国传统文化对中国室内设计的影响广泛而且深刻，主要表现在以下几个方面。

### 1."天人合一"的天人观

"天人合一"的对立面是"天人相分"。"天人合一"的意思是人与自然相联系，同属一类。天与人、天道与人道、天性与人性是统一的。儒家不信鬼神，但重天命，既讲"天人合一"，又讲"天人感应"。

《易经》载："天行健，君子以自强不息，地势坤，君子以厚德载物"，其意思就是天运动刚健强劲，相应的君子处事也要像天一样力求进步，奋发图强。大地吸收阳光滋润万物，君子也要像地一样增厚美德，讲究包容。

老子讲"道法自然"，意思是万事万物的运行法则皆依自然规律。老子的这一思想，长期影响着人们的思维，更加明显地影响着艺术创作。

从"天人合一"的思想出发，中国传统建筑一向重视室内外的沟通。在传统民居中，院落就起到了沟通内外的作用。

中国传统建筑善于"借景"，即通过景窗、景门等将外部的景观引入室内。如今的室内设计借景手段更加多样，效果也更加显著。借景的意义也是沟通内外，即把大自然引入室内。从根本上说，同样是"天人合一"思想的体现。

室内设计毕竟是人的造物行动，如何在造物过程当中体现"天人合一""道法自然"的思想，用计成的话来说，就是"虽为人作，宛自天成"。为此，无论是叠山、理水、植树、栽花，都要力争自然而然，尽量减少矫揉造作、故作姿态的雕琢之气。

中国室内设计，多以砖、瓦、石、木等为主要材料，这些材料质朴、亲切，能够更多体现自然气息。

中国室内设计中的装修和家具，除统治者的宫殿、富商豪绅的宅第外，大多素雅、温润，很少出现繁琐累赘的装饰，这一切都在很大程度上体现了对于自然的尊重，隐含着"道法自然"的思想。

### 2. 讲究秩序的伦理观

伦理即次序。以君臣、父子、夫妻为内容的"三纲"是儒家伦理思想的主要内容。"臣以君为纲，子以父为纲，妻以夫为纲"的"三纲"，曾经给中国的社会发展带来许多负面影响，但如果剔除其内容而只谈"秩序"，对室内设计来说，仍然具有现实意义。

中国传统建筑的装饰与装修多采取对称布局、稳定的造型和富有节奏感、韵律感的构图，讲究的就是秩序。这一点，在传统建筑的厅堂中表现得十分典型和充分。

中国传统建筑中的厅堂非常广泛，是各类建筑中最为重要的场所。住宅中的厅堂是家庭活动的中心，是家庭成员聚会、会见宾客、招待亲朋、尊老教子、举行庆典乃至一日三餐都离不开的场所。厅堂布局多取对称格局，家具的种类、数量、形式和配置均以长幼、宾主、男女等关系为依据。一般做法是正中靠墙设置屏风，前设长案，案上陈设座屏、古玩及瓷瓶等。长案之前有八仙桌，两边各放一椅，是主客或长辈夫妻的座席。厅堂左右各有一行座椅，是家庭其他成员或来访亲朋的座席。屏风的正面或有题刻，或有书法，或有对联，抒发主人的志趣和追求，也彰显主人的文化修养和治家的理念。厅堂的平面大，空间高，在整个环境当中起着统领的作用。其中的家具做工精细，用料讲究，同样彰显着主人的爱好、性格、实力和地位。以今天的观点看，传统伦理观念当中的许多内容早已经过时，甚至是封建的糟粕，但这一观念中所蕴含的规范性、标准性和秩序性，在当今的室内设计中仍有积极的意义。

图7-2　传统厅堂的内景

形式美的基本原则中，有对称、稳定、节奏、韵律等原则，其核心就是通过这些原则的实现建立一种秩序，使室内环境呈现对立的统一，显示出符合人们审美习惯的形式。毋庸置疑，进入近现代之后，不对称、不稳定的构图与日俱增，但绝不能因此而否定对称、稳定，即讲究秩序的原则。

总之，中国传统建筑中的厅堂，可以说是中国传统伦理观念的物化，具有鲜明的礼仪感，包括审美礼仪、道德礼仪和情感礼仪。

图7-2是一个传统厅堂的内景。

当代中国建筑中的厅堂，不像传统厅堂那样刻板，以图7-3所示厅堂内景为例，中轴明显，虽不绝对对称，但秩序井然。要素不多，但内涵丰富。中灰的基调尤其能够显示纯净高雅的格调。从总体看，依然具有传统厅堂的神韵。

图7-3　具有现代感的厅堂内景

### 3. 文质统一的境界

孔子说"质胜文则野，文胜质则史，文质彬彬，然后君子"（《论语·雍也》）。这句话可以解释为：实质多于文采，未免粗野，文采多于实质，则难免虚浮，外在文采与内在气质配合得当，互相统一，才能算得上君子。这句话本来是用来阐释人的本质的，用"质"指人之仁德，用"文"指人的合乎礼的外在表现，认为只有二者相适，才能显示出君子的人格。

孔子的这一思想被引申至艺术创作，"质"与"文"的关系则被引申为内容与形式的关系。根据孔子的论述，艺术作品虽然内容实在，但缺少有文采的形式，必然会流于粗俗；反过来说，如果徒有华丽的形式，而缺少实实在在的内容，就会流于浮夸和虚伪。因此，内容应该与形式相统一，体现出相辅相成的关系。

孔子的这一思想在中国传统建筑和室内装修中，一直成为人们必要追求和到达的境界。在这方面，博古架、斗拱、雀替、油漆、彩画、屏风、隔断等都有充分体现。它们做到了形式与内容的统一，功能与美观的统一，都达到了"文质彬彬"的程度。

在当代室内设计中，"文""质"结合的作品自然不在少数，但也不能不承认，还有不少形式浮夸虚伪、片面追求华丽外表的，"文"胜于"质"的作品。

### 4. 和谐统一的价值观

"和为贵""和而不同""和谐统一"的价值观集中反映在四书之一的《中庸》之中。中庸是儒家提倡的道德标准，其内涵就是要人们在待人接物之中保持中正、平和，因时制宜，因地制宜，因为物制宜的态度。

中庸中的"中"就是按中道而行，不偏不倚，不走极端。

中庸之道强调"和为贵"，就是在处理各种关系当中要实现整体和谐，共同发展。

室内设计是一个综合性极强的艺术门类，既有众多元素，又有复杂的内外关系，既要满足人们的需求，贯彻"以人为中心"的原则，又要处理好与社会环境、人工环境和自然环境的关系，实现多层面的和谐共处和发展。这一切与中国传统文化中所提倡的和谐统一的价值观是完全一致的。

## 三、外域文化对中国室内设计的影响

对中国来说，外域文化就是其他国家、其他民族和其他地区的文化。室内设计首先要受本国传统文化的影响，在文化交流日益普及和深入的今天，自然也要受到外域文化的影响。

在中国的历史上，中外文化交流既早又广，但外域文化对中国建筑和室内设计的影响却相对有限。比较明显的影响，主要表现在清代圆明园、华侨故里的建筑以及鸦片战争之后出现在中国重要城市的一些建筑上。

外域文化对中国建筑和室内设计的影响有不同的表现形式，主要表现是与中国传统文化杂糅在一起。如20世纪上半叶，巴洛克建筑风格的建筑装饰已在中国出现，但常常与中国的传统纹样相混杂。有些巴洛克式的门面就同时显示着中国的传统纹饰，如莲花和牡丹等。有些建筑构配件外形是巴洛克式，用的却是中国传统材料和工艺，如石雕、砖雕、琉璃瓦和汉白玉等。19世纪，中国已有哥特式教堂，如北京的西什库天主教堂，但该教堂却采用了中国传统建筑的台基、汉白玉栏杆和众多的中国纹饰。

中华民族自古就以善于包容而闻名于世。时至今日，更应在文化交流中坚持和弘扬平等、互鉴、对话、包容的文明观，以宽广的胸怀理解不同文化的内涵。

面对大量涌入的外域文化，既不能全面吸收，也不必断然拒绝，要具体地分析，分清优劣，吸收其先进部分，摒弃其落后部分。

在室内设计中，大体上可以采用如下态度和做法。

第一，学习外域室内设计的正确理念、先进技术与经验。古罗马建筑师维特鲁威在他的《建筑十书》中提出的建筑设计三原则（坚固、经济、美观），契合建筑的本质，在今天仍有积极的意义，延伸为适用、经济、绿色、美观，对建筑设计和室内设计就更有指导的作用。古希腊的建筑与室内设计离我们已经很远，不可盲目照搬其形式，但古希腊建筑和室内设计中追求总体和谐，讲究比例、尺度、节奏、韵律的构图原则，对我们今天的室内设计仍然有明显的参考价值。日本室内设计师在设计中大多重视本土文化，注意人工环境与自然环境的结合，看重选材和工艺，致使日本建筑的室内设计大都具有日本传统文化的韵味。某些日本建筑师近年来逐渐远离了日本的传统文化，但在选材和工艺方面依然固守着日本建筑精工细做的传统，此做法仍有值得借鉴之处。

第二，通过嫁接、重组、融合、混搭等方式，使外域文化与中国传统文化相结合，把外域室内设计中符合现代生活方式和工作方式的做法和经验吸收到我国的室内设计当中来。

第三，顺应室内设计多样化的趋势，顺应人们审美多元化的趋势，有选择地设计一些具有外域风情的建筑内环境。

历史早已证明，在文化大交流的进程中，一定要有博大的胸怀、宽容的立场、通融的能力和坚定的方向。既要大胆吸收先进的外域文化，更要保持高度的文化自信，坚持中国文化的主体地位。艺术创作如此，室内设计也应如此。

## 四、现代文化对中国室内设计的影响

现代文化与民族文化相对应。

现代文化与民族文化具有本质的不同：民族文化是特定民族创造的，为该民族所拥有，产生的基础是哲学与宗教；现代文化是全人类共同创造的，为全人类所共有，其基础是科学技术，可以通过科学技术来检验。举例来说，"嫦娥奔月"是汉族创造的神话传说，属于中华民族传统文化。已经实现了的探月工程则属于现代文化，它是人类共同创造的，其成果也为人类所共有。

现代文化对室内设计的影响主要表现在以下几个方面。

第一，作为主要生产力的科学技术。作为主要生产力的科学技术，包括营造室内环境的材料、结构、技术、设备以及设计方法和手段。正是有了这些方面的支撑，才有了高层、大跨、异型的建筑形体及开敞高大、灵活多变的空间，也才有了丰富多彩的装修装饰和新颖美观的形象。

第二，现代化的生活方式和生产方式。如今的生活和生产与工业革命之前大不一样。教学方式现代化、办公方式现代化、生产方式现代化、休闲娱乐和体育锻炼现代化，就连洗衣做饭也已进入自控、遥控的时代。

第三，具有前瞻性和科学性的理念，如节能环保的理念、可持续发展的理念，以及"绿水青山就是金山银山"的理念等。这些理念看起来宏观，但对室内设计来说，都具有指导性的意义。

第四，与现代生活方式和生产方式对应的审美观念。工业革命前后，人们的审美倾向是不同的。工业生产的机械化、批量化、标准化和自动化使人们逐渐习惯并欣赏简约、明快的形象，而疏远了手工业时期深受人们喜爱的一些装饰。随着社会的进步，审美倾向正在走向多元化，为此，室内设计也应该以更加具有个性的面貌出现在人们的面前。

在分别介绍了传统文化、外域文化和现代文化对中国室内设计的影响之后，让我们以海派文化特别是海派建筑为例，具体地了解一下各种文化对室内设计的共同影响是怎样形成的。

海派文化是植根于中华传统文化的基础之上，融通吴越文化，吸收西方文化而形成的富有独特个性的文化。涉及小说、绘画、电影与建筑等众多领域。它具有开放性，表现出海纳百川、熔铸中西、为我所用的胸襟；具有创新性，不是模仿照搬，而是有扬有弃，区别对待，改造创新，因而也就具有旺盛的生命力。

海派建筑是海派文化的重要组成部分，是一种具有上海文化特点的建筑类型，体现着兼收并蓄、中西交融的个性。海派建筑的内容十分丰富：从结构上看，有砖木结构、砖石结构及钢筋混凝土结构；从形态上看，不仅有石库门，还有公寓、别墅及银行、饭店等大型公共建筑。海派建筑不是一种单一的风格，哥特式、文艺复兴式、折中主义风格同时存在。海派室内设计同样并存着多种风格，许多建筑的内环境甚至就是多种不同风格的杂糅与融合。可见，海派文化以及海派建筑和海派室内设计都是在多种文化的冲突和沟通中发展起来的，都是传统文化、地方文化、外域文化与现代文化交汇的产物。

上海天禧嘉福璞缇客酒店是一家近年来推出的具有海派特质的项目。它是一家酒店，又是一家珍藏着大量中华瑰宝的博物场所，展示着汉代马、唐三彩、明清玉等多种珍贵文物。从风格上看，酒店大体上维持着巴洛克风格，但又明显地表现出海派文化的气质。屏风上有上海市市花，粉色的玉兰花，可让人们立刻感到酒店所处的地域。空间方面，由于对原有空间实现了重组，显得更有弹性，也更加丰富。装修方面，保留了原有的色彩基调，并从原有艺术品中提取了蓝、绿等色彩作为点缀。酒店中保留了大量原有艺术品，如金属隔断、绘画与陶瓷。酒店设施完善，以客房为例，不仅可以遥控空调、灯光、窗帘和服务铃，还配备了完美的文具、网络及众多接口。酒店内有嘉福楼、唐宫两个大型主题餐厅。嘉福楼以怀旧上海为主题，采用蓝宝石窗格、红盘丝蓝等装饰，还摆放着手摇留声机等老物件。图7-4、图7-5、图7-6为酒店的内景照片。

由上述情况可见，上海天禧嘉福璞缇客酒店应是一个多元文化交融的典型实例。也可

图7-4　上海天禧嘉福璞缇客酒店内景之一

图7-5　上海天禧嘉福璞缇客酒店内景之二

图7-6　上海天禧嘉福璞缇客酒店内景之三

看出，当代室内设计往往会同时受到多种文化的影响。

## 五、在文化趋同的大趋势面前，坚持室内设计的多样化

文化的交流和融合已成常态，随着科技的发展，交流和融合的速度、广度和深度将更加迅速和广泛，其结果必然会出现你中有我、我中有你、彼此接近、大势趋同的局面。但从另一方面来说，不同的文化又各有所长，只有大力发展不同民族、不同地区的文化，才能真正出现百花齐放的局面。中国传统文化内涵丰富，源远流长，尤其应该自立于世界民族之林。因此，更应发扬光大，充分地体现在当代中国的室内设计中。

越是大势趋同，越要凸显优秀的传统文化和地域文化。中国室内设计师应大力发扬优秀的传统文化，大胆吸收先进的外域文化，实现传统与现代的结合。

经济正在走向全球化，文化也在走向全球化。如果说经济全球化可以走向"趋同"，那么，文化全球化就应该走向"趋和"，即"和而不同"。

## 【小结与提示】

室内设计属于文化，又受其他文化形态的影响，包括传统中国文化、外域文化、现代文化、商业文化和宗教文化的影响。

面对多种文化影响的中国室内设计师，首先要吸收和反映优秀的中国文化，还要重点处理好中国文化与外域文化的关系。

中国传统文化中的许多理念，如"天人合一""道法自然""文质统一""和而不同""讲究秩序"等理念，对今天的室内设计仍有积极的意义。传统装修装饰的许多做法和经验，在今天的室内设计中仍有值得学习、借鉴、继承的价值。

不同文化的交流是必然的，也是有益的。中国室内设计师应植根于中华文化之沃土，坚定文化发展的方向，坚持中国文化的主流地位，大胆吸收先进的外域文化，增强融通不同文化的能力。

不同文化的并存将成常态，不同文化在交流的过程中通过嫁接、混搭、融合等方式，形成新的文化形态也将成为常态。不同文化的并存和交融，将使室内设计成果呈现百花齐放、姹紫嫣红的状态，也就是"和而不同"的状态。

经济上的全球化与文化上的全球化的最终表现是不同的：经济上的全球化，是走向"趋同"，即逐渐遵守执行同一的规则和规范。可以设想，在贸易、航空、航海等领域中，如果没有统一的规则、规范，将会出现怎样混乱的局面。文化的全球化则不能"趋同"，真的"趋同"了，人们便只能看到、听到同样的东西，从而让世界陷入刻板、呆滞的状态。

"和而不同"中的"和"是"和谐共处"，"和而不同"中的"不同"是"多种多样"。只有"多种多样"的文化"和谐共处"，世界才能多姿多彩，室内环境才能更加质优合用和赏心悦目。

# 第八章　共性与个性

## ——在坚持共性的前提下彰显个性

### 一、关于共性与个性的一般论述

世间万物均有共性与个性。共性又称普遍性；个性又称差异性。以动物为例，从总体上看，他们全都面临生存问题，这是他们的共性；但从个体看，每种动物又都有独特的生存方式和技巧，这就是他们的个性。共性是约束个性的范围和条件，个性是构成共性的成分。事物的个性如果超出了作为范围和条件的共性，便会成为另外一种事物。

包括室内设计在内的艺术也有共性与个性的问题。艺术的共性，是艺术家要凭借自己的才能，通过一定的手段和形式，反映社会现实，并由此引发观众的共鸣。但不同的艺术反映社会现实的手段和形式是不同的：绘画以视觉形象引发受众的关注，音乐以听觉引发受众的关注，这就是他们的个性。

室内设计是艺术大家庭中的一个特殊的门类，具有实用艺术和综合艺术的性质。首先，它要"能用"，成为可以居住、可以进餐、可以购物或者可以教学的真实环境。其次，它拥有众多的构成元素，包括家具、用具等实用器具，绘画、雕塑、书法、摄影等文艺作品，以及花鸟鱼虫等自然物。第三，它有相对巨大的体量，涉及材料、结构、施工、经济等因素。而这一切都是一幅画或一件架上雕塑难以比拟的。由此可见，对于艺术这个庞大的体系来说，作为其中的一个门类的室内设计无疑具有自己的个性。但是，当我们把室内设计当作一个大的体系来研究时，不同类别的室内设计，如家居设计、酒店设计、商业中心设计，无疑又会在新的层次上显示出不同的个性。进一步说，同是家居设计，不同设计师的作品也会具有自己的个性。由此可见，共性与个性的关系不是绝对的，而是相对的。

艺术作品的个性，从根本上说，源于设计师本人的个性。不同的艺术家、不同的设计师各有不同的历史、不同的经验、不同的审美倾向以及不同的智慧和才能。他们对同一事物的理解、感受和态度不同，习惯采用材料和技术不同，个人的品格、心态、气质、好恶等也不同，如有的可能偏于张扬，有的可能相对内敛等。

创造具有个性的作品，要有创新精神。创新不等于"唯新"。因为新的东西不一定就美，旧的东西也不一定就丑。个性，是具有创新精神的艺术家，在艺术水准达到一定高度之后，对自己的作品提出的更高要求。创新的意义是，艺术家在新旧交替、区别美丑的过程中，认真思考什么是美、什么是丑、为什么美、为什么丑等问题，再通过传承、反思、批评、纠正等手段，创造出体现真善美的好作品。创新的基础是正确的价值观。创新不是一时的异想天开，也不是艺术家的自娱自乐，牵强附会、生涩难懂、奇异怪诞的东西不是创新。真正以创新精神创作的具有个性的优秀作品，是基于对时代特点、文化传统和群众需要的深刻理解，基于对真善美的创作方向的精准把握，还需要艺术家具有丰富的想象力、独特的创作手段和经验。

近年来，丑陋的建筑及室内设计屡屡进入人们的视野，有的盲目崇洋、复古，有的盗版山寨，有的拜金炫富，有的造型怪诞，其情形早已招致人们的厌恶，其教训应该被设计师们所记取。

个性是一切艺术的亮点，只有具有个性的艺术作品才能具有较强的生命力。室内设计的个性可以从不同方面表现出来，在思想逐渐开放的今天，广大室内设计师正在从风格、地域、民族、立意、形式等诸多方面，探索展示个性的途径。

## 二、室内设计的个性表现

### 1. 基于立意的个性表现

艺术作品的立意是关于作品的总体构思，包括主题思想、基本内容、传达的情感和表现的手段等。立意的范围宽于主题，但注重主题。立意不同，作品的面貌不同，表现出来的特色也不同。例如，在不同立意的指引下，作品可以歌颂某人某事，也可以批评某人某事，可以采用直白的表现方法，也可以采取隐喻的表现方法。故艺术家总是高度重视作品立意，并把它看成是艺术作品品位高下的基础和前提。中国艺术理论中有"意在笔先"之说，就充分表示了立意的重要性。

确立视觉独特、思想深邃、手法精到、积极向上的立意，是艺术家进行艺术创作的第一要务。自然也是室内设计师的第一要务。试举两个立意好而又个性突出的实例。

例一，广州法国菜馆西餐厅Rever"玥"

"玥"是一家经营法国菜肴的餐厅，坐落于广州珠江南岸，设计师赋予它浪漫、精致、细腻的格调。利用蓝、白、黄等法式建筑常用的色彩，而没有直接套用古典法式建筑装修的式样与做法。餐厅的最大特点和亮点是它着重表现珠江之美以及餐厅与珠江的关系。珠江两岸有广州优美的景观，坐落于珠江岸边的餐厅，理应充分吸纳和反映珠江景色，赞美和描绘珠江之美，并把它们传达给前来进餐的顾客。为此，设计师巧妙地将波浪、水滴等形象运用于顶棚、墙面和吊灯，按"水天一色"的意境，使晶莹的顶棚与磨光大理石地面的纹理相呼应。明亮的色彩凸显了水的清澈，波浪形的墙面暗示着江水的流动。为了让顾客都有机会欣赏岸边的景色，餐厅的座凳、座椅被设计成前低后高的形式，这样，顾客的视线便可以在180°的范围内不受阻挡。

图8-1　"玥"餐厅内景之一

图8-2　"玥"餐厅内景之二

图8-3　"玥"餐厅内景之三

该餐厅以表现珠江为重点，将现代法式风格与地域景观完美地结合起来，华而不奢，贵而不繁，让人们从水的清澈和流动中获得清凉感和舒适感，甚至可以领悟到"智者爱水"和"上善若水"的哲理，是一个立意新颖、个性突出的项目（图8-1、图8-2、图8-3）。

　　例二，布里斯班的一处办公场所

　　澳大利亚布里斯班有一处办公场所，业主和设计师决定依据公司的工作特性，将它打造成具有斯堪的纳维亚色彩的工作环境，并引用了大量来自船舶的元素。他们以船的甲板为原型，以海蓝为主色调，隐喻船与海的形象。办公区的一个侧面为"工作舱"，形式似船舱。咖啡区以航海钟及航海图作装饰。其他细部也都受到了船舶零件的启示（图8-4、图8-5）。

图8-4　布里斯班某办公场所内景之一　　　　图8-5　布里斯班某办公场所内景之二

　　从船与海的形象里面获取设计灵感，可以使设计具有一定的独特性，其形式又与场所的功能性质相契合。在立意方面，该项目也是一个不错的案例。

　　例三，AI Musailah礼拜堂

　　该礼拜堂是由阿布扎比文化与旅游部和CEBRA建筑事务所一起设计的。礼拜堂位于一座公园的内部，是公园的主要组成部分。设计者的基本理念是忠于建筑功能，摒弃传统形式，不取高大体量，不用穹窿尖顶，坚持用多个互相连接的小型建筑构成一个体系，形成多个或实或虚的空间，并与水景密切融合在一起。这里的每个小建筑都有特定的功能，许多空间具有很强的私密性。封闭的几何形空间设有圆形开口，打破了天花板的封闭感。圆形开口射入的光线与悬吊在顶部的吊坠，似乎在呼唤人们对传统的回忆和对于未来的联想。水是净化心灵的象征，水在建筑中流动。男女信徒各有自己的线路：首先，要进入沐浴间进行洗涤，并进行礼拜的准备，最后，才能进入宽敞的礼拜堂。

礼拜堂本是一个功能性很强的场所。惯用的建筑形式已经给广大信徒留下了深刻的印象，阿布扎比的这座礼拜堂，以崭新的形式与功能相适应，不仅没有损害功能，还给信徒开辟了许多利于冥想的空间。这是一个富有创意的项目，也是一个立意独到的项目（图8-6、图8-7、图8-8）。

**2. 基于物质因素的个性表现**

这里所说的物质因素包括材料、结构和技术。不同的材料具有不同的质感，质感或

图8-6　教堂鸟瞰

图8-7　教堂内景之一

图8-8　教堂内景之二

粗或细或软或硬，各不相同。不同的工艺能使加工后的要素具有各不相同的性能和外观；由榫接、焊接、铆接形成的结构，性能各不相同，给人的观感也不同。

竹子是一种极其常见的植物。中国产竹，国人爱竹。竹能制笙管笛箫，可编箱箩筐篓，可制渔业、蚕业及农业工具，可制各式各样的家具和工艺品，也是建筑与装修中常用的材料。在传统艺术中，竹常被拟人化。其高直、空心等生物特性往往被引申为刚直、虚心的人格，成为诗歌、绘画等艺术描写的对象。单从材料特性看，竹有弹性，容易加工，作为天然材料，又极富自然质朴的气息。但是，尽管如此，大量用竹装修建筑内环境的情况仍不多见。

深圳都市休闲酒店"竹子林"是以竹作为主材进行室内装修的典型项目。

进入"竹子林"的大堂就进入了一个宁静但又令人惊奇的境地。大堂内竹屏风高至顶棚，尖顶的天花具有优美的光影效果。客房布局于中庭的周围，中庭顶部悬挂着巨大的竹制雕塑，它柔软飘逸富有弹性，进出客房的人路经此地，既像穿越竹林，又像欣赏艺术性极强的展示品。酒店顶层是一个具有禅意的空间。白天有自上而下的自然光，晚上有圆形的LED灯，采光和照明效果俱佳，使本来就很有韵味的空间更加令人心旷神怡。客房的床头有竹编的墙面，衣柜、灯罩等均由竹篾编成。总之，这是一处集中展示竹形、竹意、竹风的环境，充分满足了人们爱竹、赏竹的天性，可以说是一个个性极强的项目（图8-9、图8-10、图8-11、图8-12）。

日本木结构螺钉制造商SYNEGIC有限公司新建办公楼是一个由木材和螺栓连接而成的特色项目。它位于日本的宫城县，是完全采用公司自身经营的技术建构起来的。它以木构架为

图8-9　酒店"竹子林"大堂

图8-10　酒店"竹子林"中庭雕塑　　　　　　　　　　图8-11　酒店"竹子林"顶层

图8-12　酒店"竹子林"客房

主要形式，以木材为主材，以跨度18m的木桁架为承重结构，营造了一个阔大的空间。这个大空间被分隔为若干小空间，分别作为办公、交流和临时休息的场所。办公楼使用的木板符合模数制，主要节点均用螺栓连接。高低错落的地面，起伏有致。内部没有柱子，这一切都为灵活使用空间创造了有利的条件，也使空间有了较多的层次（图8-13、图8-14）。该项目具有广告性质，但从设计上看，也足以让人们认识到材料、工艺和技术在形成环境特色方面具有很大的潜力。

图8-13　日本SYNEGIC有限公司新建办公楼外观

图8-14　日本SYNEGIC有限公司新建办公楼内景

### 3. 基于形式的个性表现

内容与形式是辩证的统一。内容是事物一切内在要素的总和，形式是这些要素的结构和组织方式。世间万物皆有内容与形式，既没有缺少内容的形式，也没有缺少形式的内容。内容需要一定的形式包装和表现。内容低劣，形式再好也无济于事；内容良好，但形式一般，甚至极差，则会影响内容的展示和传播。

一般情况下，形式应该服从内容，为内容服务。但在某些情况下，形式也有可能脱离内容，甚至有损于内容。有些形式不完全反映内容，但也没有对内容造成伤害，这种形式可能还有一定的审美价值，这表明，在审美方面，形式具有相对的独立性。

当今的人们似乎比以往更加看重颜值、包装和形式，由此可见，强调形式与内容统一，强调形式服从内容，不是轻视形式和无视形式。在形式与内容统一的情况下，在形式不伤害内容的情况下，设计师应该重视形式创造，以满足人们审美方面的需求。

内容与形式的关系是包括室内设计在内的所有艺术创作的基本问题。室内设计中，功能、空间、结构、设备、技术、经济、文化内涵等是内容；各种造型因素如点、线、面、体、色彩、光影等是形式。室内设计师应该寻求形式和内容的统一，同时也应该创造优美的形式以显示室内设计的个性。

（1）点

点有单点、群点之分。单点可以是一个雕塑、一件花瓶或者一个大的吊灯，其意义往往是环境中的主景和视线的焦点（图8-15）。

群点可以组成直线、折线或曲线，用来强调方向和动感（图8-16），顶棚上的筒灯就常常排列成不同的线。群点可以构成面（图8-17），也可以构成体，如多盏高低不等的吊灯就具有体的特性（图8-18）。

莫斯科东欧最大的商业

图8-15 单点举例

图8-16　点成线举例　　　　　　　　　　　　　　图8-17　点成面举例

图8-18　点成体举例

银行Sberbank的总部可以看作是单点构图的实例。

该总部总面积约为3万m²，由开放式工作区、多功能场地、会议室、联合办公室和可共400人进餐的餐厅等组成。中庭高敞，内有20m高的绿植墙。中庭上部有一个形似"大钻石"的会议室，"大钻石"由六组悬臂悬吊在空中，隐蔽了承重的钢架和薄型三角结构。"大钻石"以镜面为表层，可以从不同的角度反射室内的景观。中庭底部有多个开敞式的空间，包括公众区和咖啡厅，其间均以书架相隔。中庭周围有多个悬挑出来的工作区，它们有不同的色彩，但都能够看到"大钻石"和整个中庭。在这个空间中，"大钻石"以孤点的形式

图8-19 以"大钻石"为中心的景观

成为场所的中心和视线的焦点，起到了统领空间、掌控全局的作用（图8-19）。

（2）线

线有直线、斜线、折线、曲线之分（图8-20、图8-21）。直线相对稳定，斜线具有方向

图8-20 线型例一

图8-21 线型例二

感，曲线自由、灵动，是最富
有动感的线型。灯具可以排列
为线，但更多的线可能表现
为装饰线和家具、设施的轮
廓线。

图8-22是一个由单点和曲
线共同组成的景观，色彩明
晰，造型别致，无疑是该环境
中最具欣赏价值和最具特色的
部分。

（3）面

图8-22　单点与曲线组成的景观

面有平面、折面和曲面之
分，除此之外，也有通过装修做成的凸凹面。在建筑内环境当中，最大的面是地面、墙面和
顶棚。悉心处理它们，无疑能够有效地显示环境的特色。图8-23所示曲面外形圆润平滑，能
给人以更多的缓冲感。图8-24展示的是波浪形的表面，具有较为活泼的气氛。

图8-25显示的是菱角分明、视觉冲击力很强的折面。

图8-23　曲面

图8-24　波浪形的表面

图8-25　折面

（4）体

体有实体和虚体之分。由界面围合起来的空间为虚体，一般为长方体、立方体、半球体、圆锥体和棱锥体。虚空间内的体量硕大的物件如巨大的柱子可能成为实体。对于体量硕大的实体，设计师可能采取弱化的手法消除其笨拙感；也可能故意强化，使之成为空间内引人注目和最具特色的部分（图8-26）。

图8-26　经过强化处理的实体

深圳前海的榕江·云玺营销中心是由意大利和我国的室内设计师联手设计的。中心的内部空间以天然洞穴的形态为原型，洞洞相连，环环相扣，在一定程度上体现了宇宙的无尽和强大的生命力，也使人们的思绪回到了远古，回到了老祖先以巢穴栖身的岁月。中心大量使用白色，坚持"少即是多"的原则，注重与自然景观的联系。由于虚体和实体都是自由体，故视觉效果独特，环境的个性十分突出（图8-27、图8-28）。

（5）色彩

色彩是造型要素中最容易被人感知的要素。在许多情况下，人们还没有看清对象的形状，就已经看清了对象的颜色。

色彩有物理作用和心理作用，对人的情绪甚至脉搏、心跳等均能产生或大或小的影响。色彩对建筑内环境的总体效果更是具有举足轻重的意义。

澳大利亚设计师Greg素以大胆利用色彩和图案而闻名。他善于利用色彩和图案打造精致、有魅力和令人难忘的空间场所，下面介绍的这套公寓就是一个典型的例子。在这套公寓中，设计师使用了墙纸、亚麻布和多种艺术品，以蓝色为主调，以白色和金

图8-27　榕江·云玺营销中心内景之一

图8-28　榕江·云玺营销中心内景之二

图8-29　色彩与图案的魅力　　　　　　　　　　　图8-30　色彩与材质相结合

色做点缀，形成了各式图案。整体效果统一，但又生动有趣（图8-29、图8-30）。

色与形是相互联系的。俗话"形形色色"就表达了形与色不可分割的关系。图8-31所展示的形色俱佳、生动有趣的家具和陈设，都成了彰显环境特色的要素。

图8-31　色彩、造型有特色的家具和陈设

图8-32 西班牙Masquepacio设计事务所浪漫的空间环境

图8-32展示的是西班牙Masquepacio设计事务所的展示空间和办公场所。它以蓝色为基调，运用抛光的大理石及其他材料，创造了一个浪漫甚至充满幻想的空间，充分显示了色彩和形状的魅力。

在环境中配置绿植能使环境色彩更加丰富，使用一些灵活多样的家具，能使环境气氛更加轻松。图8-33展示的是该事务所的另外一个空间。

图8-33 西班牙Masquepacio设计事务所配置绿植的空间环境

色彩对烘托环境气氛、体现环境的性质、突出环境特色乃至区别于其他环境都具有举足轻重的作用。图8-34所示店铺以橘红色为基调，气氛温暖、柔和，还以自身独具的色彩显示了与周围店铺的区别，起到了明显的标识作用。

常规的点、线、面、体等造型要素固然能够形成特定的环境样貌，凸显环境的特色，非常规的点、线、面、体等造型要素及构成方法，也可以甚至更可以形成特殊的形式，彰显环境的特点，乃至表现出更多的意义。图8-35展示的是巴奴毛肚火锅概念餐厅郑州店的内景，该店最富有特色的装饰是室内延伸至室外的天花。该天花由金属穿孔板构成，形如起伏的波涛，色如夹杂着泥沙的河水，既体现了火锅店位于中华文明的重要发源地黄河中游，也与火锅店这种热气腾腾、汤料滚滚的用餐方式相呼应。

图8-34　色彩的标识作用　　　　　　　　　　图8-35　火锅店内景

## 4. 地域特色与民族特色

地域特色与民族特色本是两个不同的概念，但在室内设计中，两个概念却往往被同时表现出来。这是因为室内设计既属于特定的地域，又同时属于该地域的民族，民族个性与民族文化又深受地域因素的影响。

在室内设计中凸显地域特色和民族特色有多方面的意义：对本地人来说，可以增强文化自信和民族自豪感，进一步强化人们的家国情怀。对外来者来说，可以使他们有机会领略异地的风土人情，达到增长知识、开阔眼界的目的。从室内设计的总体看，还能增强室内设计的多样性。

中国人历来讲究"修身、齐家、治国、平天下"，把个人与国家乃至天下联系在一起。正所谓家是最小国，国是最大家。有了这种意识，凸显地方特色和民族特色，对激发人们的爱国热情无疑是极其有益的。

室内设计中的地方性和民族性有时是自然流露出来的，有时是设计师有意强调的。

广东省开平的碉楼是由当时的华侨出资兴建的，他们对西方的建筑感到新奇，画草图，甚至寄照片，要在家乡建造具有西式风格的房子。但是，参与营建的全是当地的工匠，这些工匠采用的是传统的技艺，使用的是地方性的材料，而且又长期受到中国传统文化的熏陶，于是，所建碉楼中既有西方柱式、拱券和窗套，又有中式窗格与花饰。从室内的装修情况看，既有从国外运回来的席梦思床垫，又有从国内采购的中式桌椅。既有西方的油画、镜子，又有中式的书法与雕刻。这种情况充分反映出华侨和工匠们既对西方文化有兴趣，又对家乡的文化依依不舍的情结。这种体现在建筑设计和室内设计中的地域特色和民族特色就是一种自然的流露。

有意强调地域性和民族性，就是室内设计师在设计过程中有意选用最典型的要素和做法，使环境的地域性和民族性更加突出。

显示地方性和民族性的素材大体包括以下几个方面：地域的气候条件、地形、地貌、动植物资源；常见的自然现象和优美的自然景观；重要的历史人物和重大的历史事件；广为流传的神话与传说；本地的风俗习惯及宗教信仰；较为特殊的生活方式及生产方式等。

新加坡是一个具有众多民族和多元文化的国家。新加坡既是国家，又是城市。在这种情况下，如何在室内设计中凸显地方特色和民族特色是一个值得深思的问题。在这方面，"星聚"餐厅是一个具有启发性的实例。该餐厅的室内设计师在众多素材中抓住了几个具有典型意义的要素：一是绿色，新加坡号称花园城市，以绿色为基调，恰到好处；二是热带和亚热带植物，如芭蕉和棕榈等，该餐厅吊扇的叶片以及立体灯箱即为芭蕉叶状；三是突出鱼尾狮的形象，鱼尾狮是新加坡的著名雕塑，其形象简直就是新加坡的名片。该餐厅的入口处就有

图8-36 餐厅入口景观

图8-37 餐厅内景

一座彩色的几何化的鱼尾狮,许多包厢的壁龛中还有一些小型的鱼尾狮(图8-36、图8-37),这一切都明确地显示了餐厅的所在地以及所在地的文化特色。

四川九寨沟希尔顿酒店是一个尽显藏族文化、藏族风情与现代精神相结合的典型。该酒店有多个餐厅,包括"开"餐厅、经典火锅餐厅"麦"、特色餐厅"象雄"和大堂吧。顾客在此既能尝遍美味佳肴,又能感受藏族文化的魅力,还可探究神奇的藏族古村落。图8-38和图8-39分别反映了该酒店总统套房和多功能厅的内环境。

拉萨香格里拉大酒店是充分

图8-38 四川九寨沟希尔顿酒店套房内景

图8-39　四川九寨沟希尔顿酒店多功能厅内景

体现西藏地域特色和藏族民族特色的另外一个实例。该酒店与罗布林卡相毗邻，于2014年正式营业。

　　酒店的室内设计既有浓郁的藏族风情，又充分显示了雪域高原的魅力。酒店大门是典型的藏式大门，门扇和雕饰全由当地工匠按照藏族的传统工艺制作完成。两侧的外墙仿照了藏式建筑外墙的形式和做法。进入院落，可见多种本地花草树木，它们郁郁葱葱，生机盎然，象征吉祥与幸福的、受人喜爱的格桑花更是醒目。门廊的地面以藏式纹样做装饰。位于第三层接待厅的背景墙采用立体感很强的卷云文，既是藏族的传统工艺品，又是很现代的艺术品（图8-40）。客房面积宽敞，在客房内可以欣赏布达拉宫、酒店花园及远处的山峰（图8-41）。

图8-40　拉萨香格里拉大酒店接待厅内景

图8-41　拉萨香格里拉大酒店客房内景

酒店的核心场所是位于三层的"旅行者酒廊"，该酒廊色彩温暖、稳重，受到了唐卡用色的启示。酒廊正中有一长达6.5m的大吊灯，形似经轮，用能够使人联想到经轮的红色、金色装饰。地面使用折线形图案，同为红色和金色，与顶部的装饰相呼应（图8-42）。带泳池的健身房顶部是藏式天花，有大玻璃窗可供人们欣赏室外的风景。

图8-42　拉萨香格里拉大酒店旅者酒廊内景

综观酒店室内设计的方方面面，可以清晰地看到，设计师不是简单地套用几个传统的符号，而是全面地反映藏族文化的特点，并实现了与现代的、豪华的设施相结合。设计师善于使用地方材料和传统工艺，善于运用多种反映藏族文化的元素，更是抓住并显示了藏族同胞和藏族文化热情、奔放、质朴、真实、跃动这一核心和精髓。

### 5. 民宿的地方性与民族性

民宿的本意是指利用当地闲置资源、民宿主人参与接待、能够为游客提供体验当地自然文化与生产生活方式的住处。民宿多数位于城郊和乡村，客房不多，层数不高。最早流行于日本、英国和法国等地。

民宿类型极多。按所处地域，有城镇民宿和乡村民宿；按建筑形态，有独立农舍型、集合住宅型、聚落别墅型；按所依附的旅游资源，有田园型、滨海型、温泉型、运动型、文艺型和传统民居型。

民宿的类型虽多，但有一点是相同的，即强调旅客的体验，如农业作业、采摘果蔬、林间穿行、骑马射箭、放牧牛羊、乘船出海、撒网垂钓、学习制陶、参加节日庆典和地方祭祀以及滑雪登山等。

与城市酒店相比，民宿具有亲民性、平价性和平民性。但近些年来，不少民宿已经偏离了初衷，逐渐走向豪华化、精致化和高价化。

当前，中国正在推行新型城镇化和建设美丽的新农村。保证民宿健康发展，对城乡居民都十分必要和有益。

要充分发挥民宿与当地人文因素、自然景观、生态状况、环境资源、传统建筑、历史沿革、生产生活具有天然联系的长处，把民宿打造成个性突出、引人入胜、能够使来者享受到舒适的住宿条件、热情周到的服务和丰富多彩的情感体验的环境。

民宿建设必须与保护利用周围环境结合起来。真正做到"看得见山，望得见水，记得住乡愁"，还要与延续历史文化相结合，让人们从民宿中感受到乡土气息和桑梓情怀。

在国内外已经建成的众多民宿中，有很多成功的案例。

浙江淳安县西坡千岛湖民宿是由一家榨油厂的粮仓改建的。改建后的民宿保留了不少老物件，就连家家户户使用的小板凳也能够找得到。它充分利用了庭院景观和湖景，客人在客房，甚至在浴室都能透过玻璃窗看到庭园、湖水和山林。民宿给旅客提供了多种多样的活动场所和活动内容，包括在露天影院看电影，在周围探访古村和环岛骑行等（图8-43）。

图8-43　千岛湖民宿内景

在我国，民宿建设方兴未艾。为促进民宿建设健康发展，需要及时总结经验与教训，特别是要从民宿与城市酒店的异同中总结出经验与教训。

民宿的室内设计应该承袭城市酒店的基因，尽量提供完善的设施和周到的服务，确保环境舒适、卫生和优美。与此同时，又要与城市酒店拉开距离，充分显示民宿的特点。城市酒店在设计上强调标准化和规范化：同类客房从装修到陈设一模一样，连小件配备也没有什么不同。城市酒店侧重让客人得到物质方面的享受，故往往配有美容、美发、美食、游泳、健身、文化娱乐等设施，在这些方面，民宿自然难与城市酒店相比。因此，民宿必须另辟蹊径，即充分利用珍贵的自然条件，将自己镶嵌在青山绿水花草树木之中，充分考虑人们的精神需求，让人们在一砖一瓦、一桌一椅中感受时光的流转、岁月的蹉跎。民宿要充分利用独特的活动如茶道、花艺、奇石、根雕、书法、绘画、野炊、烧烤、登山、探险等活动吸引顾客，特别是年轻人。

总之，民宿与城市酒店不应该两两相望，而应该相得益彰。民宿一定要与自然环境、地方人文相倚，营造出宁静、温馨、悠闲的环境，并以此彰显自己的个性。

### 6. 再生建筑的地方性与民族性

近年来，改造利用原有建筑之风甚盛，不少地方改造旧厂房、旧住宅，赋予它们以新功能，都收到了较好的效果，也受到了社会各界的肯定和好评。

被改造利用的古旧建筑，往往都有几十年甚至上百年的历史，其中的一部分不但具有继续使用的价值，甚至具有一定的历史价值和艺术价值。个别项目广为人知，早已具备地标的意义。这些古旧建筑历经沧桑，承载着人们的记忆，经过更新，必然能够起到延续历史、勾人回忆、强化地方特色的作用。

改造利用古建筑的一般做法是：保留原有建筑的外部形象和结构体系，保留并露明主要结构构件及门窗，保留有价值的绘画、雕刻等艺术；扩大内部空间，用现代手段进行再分隔；在办公楼内，使用现代家具和设备，在居住场所保留部分古老家具和器物。采用诸如此类的做法，一是强调新旧文化的对比，二是强调再现历史，展示文化的延续性。

上海"幸福公园"就是由老旧厂房改造而成的。该厂房面对绿地公园，是20世纪50年代建造的砖混结构。改造后的办公楼，是一个由建筑师、室内设计师、服装设计师、产品设计师等多种专业团体共同使用的场所。为使不同的团体既能沟通协作，又能各安其位，办公楼内同时设置了开放式办公区和其他功能区，并把加宽的走廊做成了空间的重点。为充分表达厂房的历史沿革，室内环境充分显示了原有厂房的特色：产品展示厅以水泥和白色涂料饰面，墙的表面裸露质地粗糙的黏土砖，屋顶部分保留并露出粗大的木桁架，还保留了原有的门洞和大窗（图8-44）。在保留厂房原有风貌的同时，设计师们又赋予了内部空间以鲜明的

图8-44　上海"幸福公园"办公室

图8-45　上海"幸福公园"屋顶

现代感：吊顶和窗洞使用了不绣钢；走廊墙面使用了不锈钢穿孔板和镜面玻璃；走廊上部采用了条形灯带，用于增强走廊的进深感；会议室采用了悬挂式环形不锈钢吊灯；背景墙上还用可以嵌入材料样板的金属圆钉做装饰（图8-45、图8-46）。

图8-46　上海"幸福公园"会议室

北京西城区佟麟阁路上有一座由圣公会教堂改造而成的书店。该教堂有100多年的历史，它本来就是一座带有传统色彩的建筑：平面呈拉丁十字状，立面是清式硬山顶；站在教堂之内向上看，可见中式木结构的穹顶；向下看，可见西式复古的木地板；透过层层书架，可见独具特色的彩色玻璃窗。这是历史与现代的对话，能够唤起人们的记忆，使人们感受时代的变迁，领略中西文化的交融（图8-47、图8-48）。

体现室内环境个性的方法极多，有待室内设计师进一步发掘和创造。上述一些方法，权作举例。

图8-47　书店屋顶结构　　　　　　　　　　　　图8-48　书店玻璃花窗

# 【小结与提示】

从哲学角度来说，共性系指事物的基本性质，又称普遍性。个性系指一事物区别于其他事物的性质，又称特殊性。共性决定事物的基本性质，个性揭示事物之间的差异。共性是绝对的、无条件的，个性是相对的、有条件的。共性体现一类事物与另一类事物的区别，个性体现同一类事物中不同个体的区别。共性是约束个性的范围和条件，离开了共性，超越了共性，原有事物便成了另一类事物。共性与个性是辩证的统一，在一定条件下可以相互转化。

在艺术创作中，共性主要表现为从实用和精神两个方面，提供对人和社会有益的价值，让人们通过艺术的认知功能、审美功能和教化功能，得到关于真善美的启迪，获得丰富的精神享受，得到审美满足，并在潜移默化中树立正确的人生观、世界观和价值观。当然，对于建筑设计、室内设计、家具设计、服装设计来说，首先要满足人们的使用要求，为人们提供可用、好用、乐用的设计成果。

在如何深入了解个性与共性的关系以及如何在室内设计中处理好个性与共性的关系的问题上，应强调以下三个问题：

第一，突出个性是室内设计中一个相当重要的问题。只有个性更加鲜明的设计成果，才更有活力和灵气。但是，突出个性绝非随心所欲。个性不是噱头，不是荒诞无稽，恰恰相反的是，它是具有一定水准的设计师的更高追求，是室内设计师在立意、构思、技能技巧方面的再提升。

在某些室内设计环境中，设计师故意采用翻转、倾斜、残破等手法，营造非常规、非传统的造型，以此来吸引受众的眼球，不能被视为成功的个性。因为这种做法只能让观者吃惊，并不能使整个环境的品质因此而提升（图8-49、图8-50、图8-51）。

第二，突出个性不能有损于共性，更不能超越共性。就室内设计而言，就是不能与室内设计的根本任务相背离。建筑的共性是提供理想的空间，供人们在其中生活、学习、工作和进行各种社会活动，没有空间就不能算是建筑（少数方尖碑、纪念柱、纪念碑等除外）。近年来，出现了少数形似螃蟹、甲鱼的"建筑"，它们的内部空间很小，从分类上看似乎已不属于建筑，而属于雕塑，最多也只能看成带有一定内部空间的雕塑。

第三，要从多方面入手，创造具有个性的设计。个性可以体现在立意、形式、材料、工艺等诸多方面，室内设计师应开启丰富的想象力，从多方面着手创造具有个性的成果。作为中国室内设计师，更要从我国传统建筑的装修装饰中吸取营养，借鉴好的经验，传承和弘扬好的方法，与当代的科学技术相结合，创造出既能满足当代人物质需求和精神需求，又有鲜

图8-49　翻转构图举例

明中国特色的室内环境。

为了进一步表明突出作品个性的方法是怎样的多种多样，再做如下提示：

借景是传统建筑和古典园林中常见的方法。在科技发达的今天，借景的方法无疑更多也更有效。西藏拉萨的一些酒店通过大窗将雪山和布达拉宫引入室内，就是成功的实例。可以设想，如果用借景的方法在室内欣赏远山、近水、森林、草地、古塔、寺庙或其他古建古迹，必将大大提升室内的自然气息和文化氛围。

现代城市中的建筑大多生硬而冷漠，即便是室内空间，也往往是大体大面、棱角分明，充斥着生硬的直线条。中国传统建筑中家具与陈设众多，如果能从中获得启示，用野生植物（如蒲草、芦苇、野菊）、农作物（如棉花、麦穗）等装饰室内环境，室内环境的氛围定能大大软化，更加具有亲和力。

还可以把有关乡村、农业方面的要素引进至现代建筑的内环境。许多现代建筑在室内摆放来自乡村和农业方面的农产品、农具、渔具及农村的生活用品，都取得了很好的效果。因

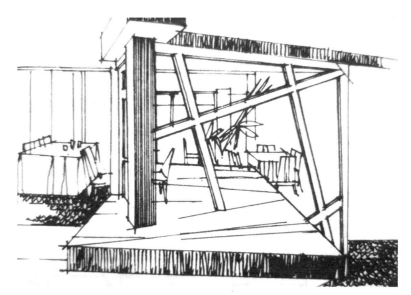

图8-50　倾斜构图举例

图8-51　残缺构图举例

为这些做法可以让相对冷漠、单调的环境富有"雅趣"，让整天忙忙碌碌的人们少一些孤寂感和焦躁感，变得轻松一些。

国内某大学的图书馆是一座典型的现代建筑，但在大厅的一侧却摆放了不少古老的犁耙、风车、纺车和织布机。这些土掉了渣的老物件与现代感很强的空间形成巨大的反差，却并不让人感到突兀，反而能让人们产生诸多联想，让人们看到中华文明的源远流长，认识到历史文脉的连续性。

国人喜好院落型的空间组合，对于类似北京四合院这类的建筑更是情有独钟。这种四合院方正但富于变化，严谨而有丰富的内容。它沿着精致化、个性化、静谧化的方向发展，是生活诗化的表现。在社会发展的今天，全面营造四合院已不大可能，但在较大的内部环境中，通过空间组合，营造出院落的意境还是可能的。

上述种种表述旨在说明，创造个性鲜明的室内环境途径很多，室内设计师应该"大开脑洞"，施展才艺，取得更多的经验与成果。

# 第九章　艺术与技术

## ——实现艺术与技术的统一

　　室内设计既是艺术创作，又是技术活动。在这里，艺术和技术是一个相互依存、相辅相成的整体。但是，艺术和技术无论从定义上看，还是从专业实践上看，一直都处于有分有合、似分似合的状态。在室内设计中，既存在着重艺术轻技术的现象，又存在着对材料、工艺的艺术表现力估计不足、发掘不够的现象。为此，有必要对艺术与技术的关系进行一次梳理，看看如何能在较高的水准上，更加理性地看待和处理艺术与技术的关系。

## 一、艺术与技术分分合合的经历

　　在西方，艺术的最初意义是技巧。不但绘画、建筑是艺术，就连裁缝、理发、烹调也都是艺术。科学、逻辑等本与绘画、建筑等艺术相距甚远，但因同样含有技能、技巧的成分，也被称之为艺术。在中国《周礼·保氏》中有"六艺"之说，内容是礼、乐、射、御、书和数，其中的"射"指射箭，"御"指驾车，同样具有技能、技巧的意思。可见无论在西方，还是在中国，早期的艺术就是技艺，也就是说技术和艺术是一体的。

　　随着社会的发展，技术和艺术逐渐被分成两个领域，对其意义也逐渐有了不同的解释。在当代人看来，技术乃是人在认识自然和利用自然中积累起来的并在生产劳动中体现出来的知识、经验和技能，其载体是原料、工具、工艺、设施、设备、技能、指标、规范和标准等，总之，技术的成果是物质的。而艺术是以形象反映现实，反映的是比现实更有典型意义的社会意识形态。尽管艺术也要借助一些技术手段和媒介，用来塑造形象，反映现实，营造氛围和寄托情感。但从总体看，艺术对社会的贡献主要是表现在精神上。

　　上述定义似乎已经把技术和艺术做出泾渭分明的界定，但事实上，技术和艺术从来就没有彻彻底底地被隔绝。绘画是艺术，但离不开笔、墨、纸张、颜料等材料、工具和技巧；雕塑是艺术，但离不开木、青铜、大理石等材料以及各式各样的工具和工艺。可见艺术离不开技术。反过来看，任何一门技术和技能如果能够达到出神入化的程度，同样能够给人以美感，称为令人喜爱的艺术。就像人们常把高级厨师烹制的色、味、香、型具备的美味佳肴称赞为艺术。

室内设计属于实用艺术。既有物质意义，又有精神意义，更加少不了技术和艺术。室内设计中的技术，涉及与建筑材料相关的技术，如结构、构造等；与建筑系统有关的技术，如水电暖及自动监控、自动报警、自动消防系统等；与工作过程相关的技术，如网络、计算机、视频设备、打印设备等。室内设计中的艺术，涉及风格、形式和各种艺术品。室内设计师如果能够把科学的技术建构与完美的美学表达结合起来，真正做到不是技术加艺术，而是技术与艺术相统一，那就一定能够设计出理想的作品。

## 二、室内设计中的技术与艺术的关系

在室内设计中，技术和艺术具有相辅相成的关系，这种关系可以从以下几个方面表现出来。

### 1. 艺术性的表达以技术为支撑

技术是室内设计艺术性能够得以表达的基础与手段，就像绘画中的颜料与纸张。画家缺少对颜料、纸张的正确理解与把握，就不可能画出好的绘画作品。同理，没有对技术的深刻理解与把握，就不可能提高室内设计的水准。

在室内设计中，技术对艺术形式的支撑首先表现在材料上，离开材料，所谓的支撑便成了一个空洞的概念。在这一点上，属于实用艺术的室内设计与属于纯艺术的绘画、诗歌等相比，其意义尤其重要。绘画需要笔、墨、纸、布和其他材料，但诸如笔、墨、纸、布等物质材料，只不过是完成作品过程当中所用的工具和耗材。室内设计的情况则完全不同。作为成果的建筑内环境，无论是建筑外壳、结构体系、门窗、楼梯等构配件，天花、地板、墙面等界面，直梯、扶梯、空调等设备，还是家具、灯具、陈设、绿化与小品等，无一不是由特定的材料构成的，用材是否得当，直接关系环境的安全性、舒适性和艺术性。还应当强调一点，绘画所用的材料从价值上看是较小的，与绘画本身的价值相比，可以忽略不计。室内设计所需要的材料，则与整个投资紧密相关。选材是否得当，甚至可能成为室内设计方案能否成立的依据。

与材料相关的是工艺。用于室内设计的材料都或多或少或粗或细地经过加工，其效果均与工艺的水平高低有关系。古希腊柱式号称经典，与高超的雕刻工艺相关；北京故宫太和殿的天花藻井精美绝伦，离开油漆、彩画、鎏金、贴金、雕刻等工艺也绝对无法呈现在人们的面前。在当代室内设计中，钢、合金、塑料、玻璃等大量现代材料，尤其离不开相关的工艺。不难设想，离开了幕墙工艺，就不可能出现简洁明快的大片的幕墙。北欧的家具、灯具素以简练、洒脱、自然流畅、富于动感而闻名于世，重要的原因就是它们具有极强的设计感，并以高超的、注重细节的工艺为支撑。

实践早已表明，无论是建筑设计还是室内设计，都应理性地考虑建构的措施，高度重视材料与工艺。如此，才能使无形的概念转化为实实在在的空间环境，才能使深刻的构思转化为能够为人们所领略的艺术形象。

## 2. 技术要素具有潜在的艺术表现力

无论是现代材料还是传统材料，都具有潜在的艺术价值，经过设计师的开发，都能迸发出很强的表现力。属于传统材料的砖、瓦、木、石、竹等都是人们司空见惯的，但经过设计师的妙用，便能表现出冷暖、软硬、粗细等质感，以及统一、对比、节奏、韵律等形式美。

图9-1中的青砖墙，质地朴实，气氛宁静，但并不单调，原因之一就是墙面上开了几个矩形的洞口，形成了统一而又具有变化的样貌。

图9-2是一个由木条组成的墙面，整齐有序，气氛温柔，但无一丝呆滞感，同样具有很强的艺术表现力。

混凝土表面相对粗糙，但由清水混凝土装饰的广州大剧院过厅的柱面和墙面，却简单而不简陋，反而反衬了观众厅的丰富与华丽（图9-3）。

图9-1 砖墙面的表现力

图9-2 木墙面的表现力

图9-3 清水混凝土的表现力

竹子是一种十分常见的建筑材料，但在越南建筑师武重义的手里却成了一种极具艺术表现力的材料。他善用竹子，巧用竹子，他所设计的每一座竹建筑都美丽惊艳，为此，他曾先后获得过30多项国际大奖。图9-4是他设计的酒店中的咖啡厅，该咖啡厅由15根圆锥形柱子支撑，看上去，很像一处原始的村落。图9-5是他设计的一处餐厅的内景图。

图9-4　竹咖啡厅

图9-5　竹餐厅

图9-6　传统日式住宅举例

工艺是加工的方法与过程，工艺水平的高低会使产品显现出不同的样貌。笔直的线条、平滑的表面、准确的连接等都能显示工艺的精湛，让人心生快感。日式住宅装饰不多，但十分耐看，一个重要的原因就是工艺讲究，少有瑕疵（图9-6）。

建筑结构以承受荷载为己任，以保证安全为要务。但经过精心处理的结构，同样可以具有明显的艺术表现力，成为建筑内环境中一个重要的造型因素。图9-7是北京大兴国际机场的内景图，图9-8是北京凤凰中心的内景，由图可知，那新颖的造型有韵律、有力度，很好地烘托了整个环境的现代气息，彰显出与传统结构完全不同的"工业美"。

图9-7　北京大兴国际机场内景　　　　　　　图9-8　北京凤凰中心内景

制冷、采暖以及直梯、扶梯等设备的使命是为建筑环境提供特种功能，本不属于艺术造型的元素，但同样具有艺术潜质，关键是设计师要把这种潜质挖掘出来。自动扶梯是一组动感十足的斜线，可与平直的梁、板、柱等形成对比。垂直运动的观光梯，内外通透，带着灯光上下穿梭，能够充分地形成"静观动""动观静""动观动"的景观效果，大大增强环境景观的生动性（图9-9）。北京凤凰中心大厅内，有一个由底层盘旋至第五层的大坡道，人们或独行或三五成群地上上下下，既能享受到运动的乐趣，又能在行进中欣赏大厅的景观。它体形硕大，蜿蜒升降，犹如巨龙腾空，成了大厅中极具视觉冲击力和震撼力的环境要素（图9-10）。

图9-9　上下穿梭的观光梯

图9-10　凤凰中心的大坡道

## 三、在室内设计中大力推进技术与艺术的融合

第一，要进一步认识技术和艺术的关系。科学技术与艺术具有共同的特征，都是人类创造能力的展现，都是人类认识和改造世界的重要手段。科学的任务，是对自然进行准确的抽象，艺术的任务是唤发人们的意识和情感。两者任务不同，但都需要科学技术工作者和艺术工作者付出辛勤的劳动，具有较强的创新能力。科学技术工作者偏重于理性思维，思维方式是直线的，基本的工作方法是通过观察、实验、分析和计算，依照严密的逻辑性，寻求明确的结论。艺术工作者偏重于感性思维，思维方式是发散的。两种思维相结合，可以从不同视角去观察事物、分析问题，由此，必能更好地解决室内设计这种实用艺术中的种种问题。

第二，要大力提倡科技工作者和艺术工作者一起参与室内设计，如一起确定立意，一起讨论设计方案等。

第三，在室内设计中，根据环境的功能和性质，适度引入优秀的艺术作品。实践早已证明，在建筑内环境中恰当引入优秀的艺术作品是有益的，甚至是必不可少的。

西方古典建筑是建筑环境与雕塑、绘画结合的典范。近现代建筑环境中，这样的例子也比比皆是。我国人民大会堂中的《江山如此多娇》《北国风光》《报春图》，毛主席纪念堂中的《韶山朝晖》《遵义曙光》等都是极为典型的实例。1979年，兴建首都机场，《哪吒闹海》《泼水节》《生命之歌》等11幅大型壁画现身于航站楼，不仅全面体现了我国大型壁画的创作成就，成功展示了具有中国文化特色的装饰艺术，也为壁画如何进入现代室内设计积累了宝贵的经验。如今，许多高级写字楼、酒店和商业中心都或多或少地引进了绘画、雕塑等艺术品，这是一种"艺术生活化""生活艺术化"的做法，对推动社会文明进步无疑具有积极的作用。

## 四、技术与艺术相结合的实例分析

广州K11购物中心，由于室内环境具有较高的艺术气质，也有人也称其为K11购物艺术中心。这是一个颠覆传统商业模式的案例，是一个按照"博物馆式商店"理念设计的商业艺术综合体。

该购物艺术中心具有零售、展示、体验等多种功能。除商店外，还有电影院、城市农场、烘焙教室等多种场所。中心具有明显的地方特色，设计师的灵感来自广州多见的大榕树。榕树的形象反复出现于柱子和其他部分，虽然做了变形处理，仍然能够向人们传达"身在广州"的信息。该中心引入了不少艺术品，包括日本知名当代艺术家奈良美智的《大头狗》（图9-11）、旅法艺术家姚小菲利用气球打造出来的体验空间等（图9-12）。前者表现力强，后者轻盈剔透，有回旋漂浮的意境。

图9-11 雕塑《大头狗》　　　　　　　　　　　　图9-12 体验空间

　　该中心的室内设计师着力把艺术的概念融入室内环境的所有要素，柱子、墙面、地面、扶梯、电梯间、标识牌等均有极强的设计感，都有较强的审美价值。图9-13是榕树变形的柱子，形体轻盈，姿态优美。图9-14是电梯底板镂空的图案，极富欣赏价值。图9-15是一处地面，这里有一定的高差，对这个高差，设计师进行了精心处理：高差改变不突兀，地面颜色美观而不俗。图9-16是一个指示方向的标志牌，造型别致，很像是一个抽象的雕塑。灯具是用来照明的，但图9 -17所示门厅吊灯俨然就是一件艺术品。

图9-13 树形柱　　　　　　　　　　　　　　　图9-14 扶梯的底板

图9-15　有高差的地面

图9-16　指示牌

图9-17　艺术吊灯

购物艺术中心的色彩以金色为基调，华而不奢，很是契合购物艺术中心的身份。

近年来，在"博物馆式商店"这一设计理念的引导下，不少酒店、办公楼和购物中心都直接将艺术大师的作品或复制品引入室内，体现出艺术与技术正在相互渗透。也表示出，艺术家与设计师的合作更加广泛和深入。

将艺术大师的作品或复制品引入更多场所，有利于扩大作品的影响力，也有利于提高广大受众的审美水平。无论从内环境自身看，还是从社会角度看，都是十分有益的。但是，必须对作品的内容、数量和展示方式进行认真推敲和选择。凡事皆须有度，过度会导致混乱甚至改变事物的本质。作为艺术馆，过度商业化，会降低展品的艺术价值，甚至将艺术品混同于一般的商品；反之，商业场所过多展示艺术品，同样会背离商业场所的初衷，既无助于人们认真欣赏艺术品的艺术价值，也很难达到促销赢利的目的。

室内设计中，艺术与技术相辅相成的关系已经逐渐为人们所认识，应该进一步说明的是，在不同的历史时期中，两者又各有不同的内容。

工业革命前，室内设计中的所谓技术，基本上是地方材料与手工劳动的结合，人们认可的是匠人，评价的是手艺，追求的是豪华与奢侈。工业革命后，手工被机器代替，以机器为工具的大工业生产以速度快、效率高、标准化为主要特点，由此，人们的审美观念也发生了明显的变化。如果说手工业时期，人们欣赏的是"装饰美"，到大生产时期，人们的审美观念则逐渐转化成"工业美"或称"技术美"。"工业美"的基本特点是形式服从内容，造型干净，线条流畅，讲究大的体块，具有节奏感和流动感，充分发挥材料本身的特性。在大工业生产时代，现代材料、结构、设备均被纳入艺术处理的范围，艺术与技术也具有更加广泛而深入的联系。

室内设计属于一定的时代，内容和形式既反映这个时代的技术水平，也反映这个时代的审美观念。

时代发展至今天，机械、电子、影像、3D打印、人工智能等技术全都进入室内设计，人们的审美倾向也进入了多元化的时期。在这种背景下，时而轻艺术重技术，时而重艺术轻技术都是可能的，但是，基本的也是正确的思路，应该是坚持技术与艺术的统一。

# 【小结与提示】

在一些文化发展相对均衡的国家，建筑往往被划为艺术，甚至被看成艺术中一个相当重要的门类。有许多建筑已成为艺术史上的重要标志，有许多建筑大师成了搅动艺术潮流的风云人物。

在一些西方国家，建筑之所以被划入艺术，应与宗教有关。古希腊、古罗马以及之后的西方古典建筑大都是神庙与教堂。这些建筑，特别是其中的哥特式教堂，都有庞大的体量和高耸的身躯，目的是显示上帝的神圣，拉近人与天国的距离。为了烘托教堂的宗教气氛，教堂内均有大量雕塑和绘画，它们大多出自大师之手，与彩色玻璃窗等相映衬，更使教堂顿生富丽、豪华而又庄重严肃的宗教气氛和浓郁的艺术气息。

中国的情况与西方不同，从古至今中国始终没有陷入对于宗教的迷狂。道教是中国土生土长的宗教，以老子为教主，但人们对于道教的崇拜其实是对老子这位伟大哲人及其哲学思想的崇拜。佛教传入中国之后，对儒道思想产生了一些影响，但都微乎其微。其实早已被儒道思想所融合，彻底中国化。因此，中国的寺庙虽然数量不少，从建筑本身看，却没有西方教堂那样更引起人们的关注。

在传统中国建筑中，数量最多的是民居，由于传统中国建筑以土木为主要材料，以梁柱屋架等构成体系，大多为单层建筑，极少有高层建筑，即便是宫殿，往往也是以土台抬高建筑，而不是把宫殿本身建造成高层和高耸的。所以，中国人常把营造建筑称为"大兴土木"，也就是说常把建筑看成为"工程"。

其实，无论是西方建筑还是中国建筑，都是艺术和技术的统一。营造建筑既是一种艺术创作，又是一种技术活动。无论把建筑看作艺术还是工程，检验其成功与否的标准都是所谓的"真善美"。

关于什么是"真善美"，人们的看法和解释并不完全一致。一般的看法是所谓"真"，就是要真实地反映事物的本质，指的是作品的真实性；所谓"善"，指的是作品的倾向性，也就是作品应对社会具有积极的价值；所谓"美"，指的是作品的展现性，即作品的形式与内容统一，又具有个性，能够给人以愉悦的感受。建筑不管被看成艺术还是工程，都应该可用好用，为人乐用，具有坚固、耐久、安全、舒适、美观等特征。

在室内设计中要坚持实用与美观的统一，艺术与技术的统一。在这方面中国传统建筑中的许多经验与传统，值得借鉴与传承。

首先，要充分发挥材料的材质美和材性美。如木的自然、竹的弹性、砖的朴实、石的坚硬等。

我国的明清家具久负盛名。明式家具朴素、大方、优美、舒适，清式家具厚重、稳定、豪华艳丽，评价虽然赶不上明式家具，但也达到了极高的水平。原因之一就是选材得当。明清家具的主要材料产于南洋，有紫檀、花梨、鸡翅木、铁梨木、红木、楠木、影木、乌木和黄杨木。这些材料质地密实，纹理美观，这就为打造精美家具打下了良好的基础。

其次，是提高工艺水平，充分显示工艺美。有了好的材料，还要有好的工艺。明清家具多用榫卯结构，所雕花饰深度足够，刀工娴熟，磨工细腻，牙雕、珐琅、玻璃、景泰蓝等镶嵌技术，就更加起到了增光增色的作用。

再次，要充分挖掘结构构件、建筑配件以及设备的潜在美。我国传统建筑以柱、梁、檩条等构件形成的结构体系，本身就有很好的韵律美，加上与之配套的柱础、斗拱、雀替等，就更有观赏性。现代建筑中的许多设备，如进出风口等也应在不影响使用的前提下，按照形式美的规律加以组合。

最后，是适量吸收优秀的艺术品。在我国传统建筑中，有丰富的家具与陈设，包括瓷器、雕刻、绘画、盆景、插花、奇石、楹联与牌匾等。在当代建筑内环境中，可供选择的艺术品更加广泛，如选之得当，必能大大增加室内的艺术气氛。

图9-18是显示材质美和工艺美的实例。

瑞典梅根天主教堂，以钢材为骨架，在其间镶嵌厚度为2.8cm的大理石。内部没有柱子，外墙不设窗户，室内明亮均匀的光线都是通过大理石薄片引入的。该教堂充分表现了大理石的材料美和工艺美，富有独特的宗教氛围。

图9-19是显示材料工艺和结构美的实例，在这个项目中，木材的质感、工艺的精细和结构的韵律都得到了很好的体现。

上述两例是建筑充分发挥材料美、工艺美和结构美的实例，自然也是技术与艺术统一的范例。

图9-18　大理石的艺术魅力　　　　　　图9-19　木结构的艺术魅力

# 第十章　智能化与人的情感

## —— 智能化程度越高，越要重视人的情感

## 一、关于人工智能的一般介绍

我们正在迎接和经历一场新的技术革命。这场技术革命以人工智能、机器人、物联网、生物技术等为主导，对人类社会的影响可能比第一次工业革命还要广泛和深刻。

人工智能是研究、开发、模拟、延伸和扩展人的智能的一门新的技术和学科。其领域涉及机器人、语言识别、图像识别、自然语言处理和专家系统等。

从目前情况看，人们对人工智能的到来还没有表现出惊讶无比的程度，这是因为我们已经知道的或见过的无人驾驶汽车、会飞的汽车、机器人、人脸识别等技术还没有全面进入市场，更没有全面进入我们的生活。但不可否认的是，再过二三十年，其中一些技术和目前还在研发的技术就会大举挺进社会生活的角角落落。

技术革命具有这样的特点：一开始会引起人们的好奇，如"大哥大"刚刚出现的时候就曾引起人们的感叹，而一旦发展起来，却又让人们感到理所当然、顺理成章，就像当下的人们人手一部手机一样。

让我们再看一些事实：从第一台计算机诞生到互联网诞生共用44年；从第一台智能手机诞生到微商的出现只用了一年。曾几何时，平台化冲击了公司化，嘀嘀打车冲击了出租车，网店正在冲击实体店，自媒体、微信等正在冲击报纸与电视，人工智能和机器人正在冲击"蓝领"甚至"白领"。请看，建筑工地上已经出现了搬砖运灰的机器人，银行的人工窗口正在减少，其工作大多已被智能化的设备所代替。这一切都足以表明，人工智能、机器人等技术的发展，具有人们难以预料的速度，对于普通人来说，谁也无法准确预测它们会在何时

发展到何种程度，并会怎样影响我们习以为常的生活和工作。

在看到并承认人工智能、机器人等必然会飞速发展的同时，许多人开始关心另外一个问题，那就是它们会不会威胁人类甚至成为人类的毁灭者。对于这个问题，专家们的看法是否定的。在专家看来，人工智能、机器人等毕竟是人类发明的，它们应该是也只能是人类的伙伴和助手，而不是人类的毁灭者。

未来的某些设备（姑且称之为设备），肯定会具有学习、记忆、语言、理解、推理、表达等功能，从室内设计角度看，也完全可能具备设计的能力。但室内设计要满足人的需要，要达到一定的目的。"设备"不会像业主和设计师那样提出需求，也不会在最后时刻像业主和设计师那样根据自己的好恶拍板定案。它们能做的只是提出设计方案和提供各种指标，作为业主和设计师进行选择的依据。由此可见，设备只能是设计师的助手和参谋，而不能代替设计师的全部工作。

## 二、人工智能对室内设计的影响

在对人工智能进行了一般性的介绍之后，让我们简要谈谈人工智能对室内设计可能产生怎样的影响。

无人驾驶包括共享汽车、无人驾驶汽车、无人驾驶飞机和无人送货车等将很快普及。这将引起汽车保有量的下降、私家车的减少以及传统停车场的改变，并要求住宅楼、办公楼等设计和建造与它们的活动相适应的通道及设施。

物流部门会用机器人代替人工分拣和传送。

办公楼会普遍推行电视、电话会议，逐步建立指挥中心、中央调控室。自动调控温度、湿度、灯光明暗的技术将成为极其普遍的现象。

医疗保健系统将首先建立统一的智能手机客户服务端，实现联网挂号、联网取药和检验报告的查询。凭借客户端系统，可以精确安排病人的就诊时间和病人在院内的行动线路，不需要病人久等，更可以避免病人在医院楼上楼下奔波。可以建立完善的数据库，在广泛采集数据的基础上，整理出典型的病例和治疗方案，医生可以浏览这些病例，并很快做出有效的诊断。医院物资和废弃物将由机器人来运送。行动不便的病人和老年人将使用智能轮椅和智能步行助手。

教育领域会将一些课程制成360度的超高清的视频教程。用特效技术和三维影像建立起视频教育网，将全息投影设备与互联网对接，与学生实行互动。学生可以在实践课堂上，虚拟拆卸和装配机器，通过人机互动完成各种实验和操作。教师可以在屏幕上切换画面，了解每间教室、每个学生的情况，与学生互动，及时给予指导和帮助。这一切，都预示着未来的教室、实验室及教师办公室等都将有一个崭新的样态。

家用机器人将普遍化，它们可能具有佣人、保姆、医生、教师、保镖等多种身份。对老年人来说，它们可能是护士；对主妇来说，它们可能是管家、厨师和保洁员。

人工智能还会进入餐饮行业。人们可以通过智能手机了解餐厅的上座状况，尽快找到合适的餐厅和座位。厨师的一部分工作会转移给机器人，它们会按照既定的标准和模式做出各式中西菜肴。上菜和收拾台面的工作也会由机器人来完成，它们会像今天的服务员一样在餐厅中来来往往，为客人提供周到的服务。

## 三、情感体验应该得到更多的尊重

体验是一种主观现象。有三个主要成分：知觉、情绪和想法。知觉的层次最低，主要表现为知冷、知热、知明、知暗等，情绪包括爱憎、恐惧和愤怒等。人的快乐与幸福都是通过体验得到的。因此，包括室内设计在内的艺术创作，总把唤发人们的情感体验作为重要的追求。有人说，科技不断发展，人们可以通过科学仪器设备得到所需的情感体验，无需与社会和自然相接触，这种观点无疑是片面的。毫无疑问，某些仪器和设备确实可以给人带来这样那样的体验，但这种体验与人们在社会活动中和置身于大自然中所取得的体验是很不相同的。

有这样一个桥段：一个小青年信誓旦旦地表示，只要有手机和计算机，只要有外卖和快递，他就可以宅在家里一辈子。对于这位小青年能否做到这一点，我们无法得知，但绝大多数健康人绝对做不到这一点，也不想这样做。近两年的事实已经证明，一个健康的人，三四十天足不出户就已经叫苦不迭了。事实早已表明，并将继续表明，天天叫外卖，毕竟没有邀上三五好友或带上家人到一处环境和出品都不错的餐厅，边吃边聊更惬意。由快递送一件婚纱，毕竟没有到婚纱店挑来选去，并不断征求男友意见更让准新娘感到快乐和幸福。

时至今日，通信技术已经十分发达，语音通话、视频通话已经相当普遍，可以想象，不久的将来，此类技术会更加精进，但是，这一切都不能代替人们面对面的聊天、谈判和开会。因为，面对面的互动会使人们感受到更多的真实感和亲切感。

让我们再举一些实例来说明这个问题。足球赛可以通过电视转播，但对广大球迷而言，远不如在赛场看球更有吸引力。在那里，他们可以为自己的球队呐喊助威，可以在自己的球队赢球之后狂喜狂奔，充分享受比赛的过程和结果，尽情发散自身的激情和活力。音乐可以通过唱片播放，音乐会可以通过电视转播，但对音乐迷而言，绝对没有亲自到音乐厅聆听演奏更让他们心驰神往，在那里，他们可以获得更多的精神上的满足。我们常把"去"商场叫作"逛"商场，这个"逛"字含义很多：可以在逛的时候购物，也可以只逛而不购物，只是在闲逛中看人、看物、看景，放松心情，满足情感方面的需求。这一切都可表明，现代科技固然能够从诸多方面满足人们的需求，但无论如何也不能代替现实生活给他们的切身感受。

因此，室内设计师必须在充分重视高科技对建筑内环境的影响，并适时地将高科技引入室内设计的同时，更加重视人们的情感需求，采用有效的手段给人们带来积极的情感体验。

前面介绍过的亚马逊总部是一个极有意思的例子。亚马逊是一家专搞技术开发的公司，但恰恰就是这样一个可以把员工全部装入虚拟世界的公司，却偏偏要在"热带雨林"当中办公，在"鸟巢"中开会，让员工充分接触自然，享受由此带来的乐趣。

## 四、寻求多种引发情感体验的设计方法

在室内设计中强调情感体验的做法很多，现将几种常用的做法推荐如下。

### 1. 场景化设计

近年来，场景化设计逐渐流行。

什么是场景化设计？让我们先举一个室内设计之外的例子。现代京剧《沙家浜》有一场"智斗"，主要人物是中共地下党员"春来茶馆"的老板阿庆嫂、忠义救国军司令胡传魁和参谋长刁德一；地点是阳澄湖畔的"春来茶馆"门前；主要景物是堤坝、大树、桌椅和茶馆的幌子。"智斗"一场戏，内容引人入胜，唱腔优美动听，以至流传至今，许多人爱听、爱看甚至会唱，而这场戏的场景也给人们留下了极为深刻的印象。任何故事都发生在特定的时间和空间，都有特定的人物和场景。场景化设计，就是要把现实中的特定场景高度浓缩和加工，再现于室内环境。让人们通过这些场景，回忆起曾经发生过的故事，产生睹物思人、触景生情的作用。

北京"点卯小院"餐厅，以老北京四合院为原型，从四合院中提取了红门、绿窗、廊架、坡顶、青砖、灰瓦、木构等元素，创造了一个能够让人们联想起传统四合院的餐厅。来这里就餐的人们，可以品尝美味佳肴，可以谈天说地，也可能由场景联想起曾经住过的四合院以及在四合院中发生过的种种故事。传统四合院有独家居住的，也有多家合住的。在多家合住的四合院里，可能发生过这样那样的矛盾，但四合院儿里的基调一直是邻里相帮、嘘寒问暖、守望相助，这也就是"情满四合院儿"的意思。"点卯小院"以场景为手段，以唤发情感体验为目的，应该是场景化设计的一个较好的实例（图10-1、图10-2）。

图10-1 "点卯小院"餐厅内景之一

图10-2 "点卯小院"餐厅内景之二

## 2. 沉浸式设计

沉浸式设计的成果可能是虚拟环境，也可能是现实环境与虚拟环境的结合。其意义就是让人们专注于设计者专门打造的情景，并在此情景中，感到快乐和满足。人们在这种情景中所获得的体验包括感官体验和认识体验。前者，如游乐场、迪士尼乐园所涉及的项目，可以让人们感到惊险和刺激；后者，如下棋、扫雷等游戏项目，可以让人增长智力和才干。

沉浸式设计常被用于游乐、购物、休闲等环境。采用沉浸式设计的目的，是让人们在一定时段内忘记真实世界，延长他们游戏、购物、娱乐的时间。例如，在KTV中，特意营造让人难分昼夜的空间环境，淡化时光流逝的概念；在商场，采用引人关注的陈列、引人入胜的线路和引人参与的活动，延长人们逗留、购物的时间。

在沉浸式设计中，叙事性讲故事的方法是最基础的设计方法。其要点就是利用气氛、情节、角色、节奏等，让观众、顾客、游客融入故事之中，从而获得令其满意的体验。

北京SKP南馆商业综合体就是一个按照沉浸式设计打造出来的项目。该商业综合体于2020年开业，共有4层。为了充分唤发人们的情感体验，室内设计师给人们讲述了一个"人类由古至今"经由畜牧经济到登上火星的故事。故事由第一层开始，到第四层结束，第一层到第三层用了仿真绵羊、工业产品、电子产品、仿真人物以及雕塑等艺术品，讲述从古至今的演变；第四层有反映火星面貌的图片、航天器的模型以及宇航员的服装和设备等，表示人类正在走向新的历程。如此这般的设计，自然存在风险：一是未必所有顾客和观光者都能毫无遗漏地从第一层逛到第四层；二是即便逛遍了所有层的顾客和观光者，也未必全能清晰地了解设计者在讲述一个什么样的故事。但不容否认的是，多数顾客和观光者都能从这一环境中获得快感、丰富知识，并在此过程中了解一些商品，产生购物的冲动。图10-3、图10-4和图10-5为该商业中心的部分内景图。

图10-3　仿真绵羊

图10-4　店内的各种雕塑

图10-5 "登临火星"的场景

沉浸式设计中，常常利用技术手段加入一些虚拟的景物，如风雨雷电等自然现象，激流险滩等自然景物，小桥、流水、人家等具有情趣的景观，以及具有异地风情的人物与场景等，让人们宛如身临其境，获得赞叹或惊奇的情感体验。

用现代技术呈现虚拟景观，能够补充现实景观的不足，使整体环境更加丰富，也会给人以更多的新鲜感（图10-6）。

图10-6 用光影手段形成的背景

## 3. 开放式设计

近年来，国内外出现了不少所谓的"开放式城市公园商业街"，这是一种具有体验价值的环境。为简便起见，我们姑且把这种环境设计称为"开放式设计"。

逛公园在很大程度上就是追求一种体验，把逛公园的心理过程渗入室内环境，该环境就必然会给人带来更多的愉悦和满足。

公园的特点是空间大而开敞，景观丰富多彩，自然气息浓郁。开敞式城市公园商业街就是要让商业街具备公园的上述特点。

Mega Food Walk是曼谷的一家大型商业美食街。它以室外木质露天剧场为起点，将顾客和观光客带入一个具有森林特色的通道。通道两边有互动景观装置，可以让人们在运动中获得愉快的体验。通道稍有坡度，残疾人也可以正常使用。主体建筑内部有大量亚热带植物，还有各式喷泉、小溪等水景（图10-7、图10-8）。

图10-7　Mega Food Walk内景之一　　　　　图10-8　Mega Food Walk内景之二

Central Festival Eastville 位于曼谷的东部，也是一家具有街区形态的商业中心。它以自然为主题，以家庭成员为主要客户群，是一处内外交融、空间多变、建筑与绿化密切结合的立体街区。其间，有大量花钵、座椅和雕塑。建筑内植物种类繁多，可称室内森林。为了更好地为顾客特别是老年人和小孩提供服务，中心内还设置了电影院、美食广场、健身中心、复合型书店和儿童乐园。儿童乐园内有小火车、堆沙区和儿童专用厕所，孩子们可以尽情地享受各种游乐设施和沙滩。疯狂动物城内可见长颈鹿、麋鹿和火烈鸟，给小朋友们带来了极大的快乐（图10-9）。商业中心以自然采光为主，内部明亮，毫无封闭感。室内绿化与室外绿化相互渗透，具有极浓的自然气息（图10-10）。

开放式城市公园商业街是一种较好的体验式环境。它将公园和街区的概念引入商业环境，使用大量绿化和小品，设有多种多样的休闲娱乐设施，改变了传统商业建筑刻板单调的形象，改变了人们为消费而消费的习惯，唤回了人们"逛街""逛公园"的兴致，激发了老人带着孩子玩耍和聚在一起聊天的欲望。既可促进商业的发展，培育新的消费热点，又能为人们带来安全、健康、舒适、愉快的体验。

　　强调体验的室内设计手法颇多，自然不止于上面提到的几种，即便如此，也足以看到，能够唤起情感的室内环境必能为人们带来更多的快乐，受到人们的喜爱。

图10-9　Central Festival Eastville内景之一

图10-10　Central Festival Eastville内景之二

　　总之，包括人工智能在内的高科技进入室内设计领域是必然的，其影响之广、力度之大也是当前的我们难以想象的。对此，室内设计师必须具有足够的心理上的准备和业务上的准备，力求与时俱进，跟上步伐，将高科技适时地引入室内设计。与此同时，又必须高度重视人的情感体验，尽量使人工智能与情感体验统一起来，让高科技不只成为实用技术，也能成为唤发人们情感体验的手段。

# 【小结与提示】

智能化的加速发展是一个必然，智能化对室内设计的影响会越来越大，也是一个必然。室内设计师要认真学习有关智能化的知识和技能，适时地、适量地把智能化的成果引入室内，打造智能化的空间环境。但也绝不能因此夸大智能化的作用，更不能以为智能化可以削弱人的情感需求。

人的需求可以集中概括为物质方面的需求和精神方面的需求。从目前和社会发展前景看，人的物质需求相对容易得到满足，而人的精神需求则需要得到更多的关照。

在本章，笔者推介了一些可以引发情感体验的设计思路与方法。对此，只能看作"引子"，更多的思路和方法，有待广大设计师发掘与创造。

# 第十一章　从疏离到和谐

## ——消弭工业化的负面效应

## 一、工业化的负面效应

当代室内设计的大发展是从工业革命开始的。为此，我们不能不以工业革命为背景，具体分析一下它究竟给人类带来了哪些积极影响和消极影响，又对室内设计产生了哪些正面作用和负面作用。

到目前为止，人类总共计经历了三次工业革命，并正在进行第四次工业革命。

第一次工业革命发端于18世纪的60年代到19世纪中叶。以哈格里夫斯发明珍妮纺织机为序幕，以瓦特改良蒸汽机并将其应用于生产和交通，包括用于火车和轮船为标志。因此，人们也把这次工业革命称为蒸汽革命。

第二次工业革命发生于19世纪下半叶到20世纪初。以电力的发明和应用为标志。从此，有了电灯、电报、电话和电车。因此，人们也把这次革命称为电气革命。

第三次工业革命从20世纪开始。以计算机的发明和应用为标志。因此，也被人们称为信息革命。这次工业革命同时发生于许多国家，在这一时段中，计算机、空间技术、生物技术以及核技术等都有较大的发展。

现在的我们正处于第四次工业革命阶段，它以人工智能、机器人、虚拟技术、量子技术为突破口，涉及面之广远远大于先前的几次工业革命。由于这次工业革命产生的污染相对较少，因此，有些人又把它称为绿色革命。

工业革命使社会财富迅速增加，使人们的生活更加舒适便捷，也使生产方式发生了根本的变化：人们从手工业作坊走进工厂，生产效率大大提高；分散的、小规模的手工作业几乎完全被集中的、批量化的生产所代替。但是，几次工业革命特别是前两次工业革命，在给人们带来巨大财富和便捷的同时，也给人类社会带来不少负面影响，甚至是严重的灾难。

工业革命导致人们的理性无限膨胀，让人们过度相信机器，自以为有了机器，便可以战天斗地、为所欲为，进而把大自然看成了完全可以征服的对象。令人没有料到的是，就在人们因为有了机器而沾沾自喜的时候，工业化的负面效应逐渐显现，直至把人类自己带到了一个十分危险的境地。工业革命的负面效应主要表现在两个大的方面：一是危害了与人的生存和发展密切相关的大环境，二是危害了人与相关环境的关系以及人类自身的发展。

**1. 工业化对大环境的负面影响**

这里所说的大环境是指与人类生存和发展息息相关的自然环境、社会环境和人工环境。

工业化对大环境的负面影响主要表现在以下几个方面：一是由于无节制地开发和使用能源和资源，使能源和资源逐步减少，甚至走向枯竭；二是污染了自然环境，致使气候变暖、冰川融化、海平面升高、酸雨增多、沙漠化严重、温室效应大增、国际水域和海洋污染严重；三是破坏了生态平衡，由于滥砍滥伐、过度捕杀，森林和其他植物面积减少，动物和植物的多样性受到破坏，不少动物和植物已经灭绝或者到了濒临灭绝的边缘；四是城市人口集中、规模膨胀、交通拥堵、事故频繁、枪支泛滥、犯罪增多、军备竞赛加剧、核战争的危险大增。

**2. 工业化对人以及人与环境关系的负面影响**

工业化对大环境的影响已经引起人们的警觉。近年来，一些负责任的国家和民众已经采取了不少保护和改善环境的措施。与此相比，工业化对人类自身以及人与环境关系的影响，还远未引起人们的足够重视，改善的措施也还不甚全面和得力。

工业化对人类自身以及人与环境关系的影响可以概括为"一个危害"和"三个疏离"。

"一个危害"是危害了人的全面发展。

人的全面发展，涉及需求的发展、道德品质的修养、素质才能的提高和本质的发展。

人类需求包括物质需求和精神需求。在当今社会，与精神需求相比，物质需求容易得到满足。含心理、情感和社交等需求在内的精神需求的满足，则有较大的难度。有统计表明，在全球范围内，因营养过剩而死亡的人数已经超过因营养不良而死亡的人数。2014年，营养不良的人约为8.5亿，体重超标的人则达到了20亿。

道德品质修养涉及兴趣、性格、审美等诸多方面。素质的提高则涉及体力、智力和才能。

工业革命带来的"三个疏离"是指人与人的疏离、人与社会的疏离以及人与自然的疏离。

先说人与人的疏离。如今的人们，物理上的距离越来越小，心理上的距离则越来越大。一栋大楼动辄几十层，上千人集中住在一起，可谁又与谁相认？谁又与谁相熟？之所以出现这种情况，原因是多方面的，但在很大程度上则是源于工业化带来的生活方式与生产方式。

再说人与社会的疏离。人离不开社会，人的身份只有在社会中才能得到确认。人是社会的人，社会是由人构成的社会，人与社会密不可分。逃到山林隐居，可以躲过城市的喧嚣，但仍然难以割断与社会的联系，因为即便不用手机，不用计算机，总不能不用现代社会的任何产品，一直回到茹毛饮血、刀耕火种、采集野菜的时代。在日本，有不少宅男宅女整天沉浸在二次元文化之中，与图画、照片、影像等为伴，极少与外界联系。殊不知，这些图画、照片、影像等也是现代社会的产物。与社会缺少联系，就是与他人缺少联系，必然导致性格孤僻、对人冷漠，甚至陷入极度的苦闷和焦虑之中。近年来，自杀的人数骤增。据统计，每年自杀的人数比战争、恐怖活动和暴力行为夺去生命的人数还多。可见，引导人们参与社会活动，培养与人为善、相伴相扶的社会风气，是一项十分重要而又迫切的任务。

最后说人与自然的疏离。人来源于自然，依赖自然、亲近自然、欣赏自然乃是人之天性。而今，居住在城市里的人们已被高楼大厦所包围，游山玩水已经成了奢侈，就连"一线江景""一线海景"也成了稀缺之物。好不容易盼到节假日，带上全家老小到公园散心，到海滩散步，看到人流如织，来时的兴致也顿时折减大半。

综上所述，工业革命带来的"一个危害"与"三个疏离"着实到了应该高度重视并努力消弭的时刻。

## 二、关注人的全面发展

关于人的全面发展有诸多相似但又不完全相同的解释。我国从教育的角度把全面发展的内容定为德、智、体、美、劳。我国国学大师王国维把人的能力分为身体能力和精神能力，并进一步把教育的任务分为三项，即智育、德育和美育。美国心理学家马斯洛强调，心理健康和自我实现是人类的共同美德，涉及忠诚、善良、勇敢和爱心。中国传统教育以"六艺"即礼、乐、射、御、书和数为内容，既重视文化精神的传承，又注重实际技术的培养。从总体看，传统教育总是把"人"放在第一位。

从当今社会看，人在身体方面的发展，应含体质与心智的协调发展。所谓心智是指人对事物的反应能力与应对能力。精神方面应着重强调道德品质的修养，包括人格、信仰、心理的修养以及能力的修养。所谓能力则包括思维能力、判断能力、审美能力、创造能力、与他人交流的能力，特别是辨别价值的能力。

室内设计应该也能够促进人的全面发展。总体思路是让人们更多地参与实践，接触他人，融于社会，拥抱自然。常见方式有以下几种：第一是灌输，即直接通过书法、绘画、匾额、楹联等对人们进行正面教育，中国传统建筑的内环境就常常通过这类要素，对家族成员进行勤俭持家、耕读传家、"修身、齐家、治国、平天下"的教育；第二是暗示，即通过一些能够勾起人们联想、想象的要素去引导人们的思想和行为，中国传统建筑中的内环境常用梅、兰、竹、菊等题材，就是暗示人们要具备刚直不阿、廉洁自律、不畏强权、百折不挠的品质；第三是熏陶，即利用环境的氛围，在较长的时期里陶冶人们的情操，取得"润物细无声"的功效；第四是要使人们融入社会和自然，为人们创造与他人、与社会、与自然接触的机会，并在这种接触中得到锻炼，健康发展。

下面列举几个效果较好的实例。

芬兰赫尔辛基中央图书馆是一个典型的实例，更确切地说它是一个供全体市民享用的城市客厅。它的藏书只有十数万册，却能够通过网络访问340万册书籍和产品。它有多种多样的功能和供人享用的场所，如电影院、咖啡馆、画廊、展厅、琴房、录音室、多功能舞台、冰场、球场和缝纫机室等。在这里，人们可以遛娃、玩乐器、滑冰、打网球和做饭；可以借书、借吉他、借冰鞋、借网球以及手提计算机、耳机和摄像机；可以使用3D打印机、激光切割机、海报打印机和像章机。这里有专门供孩子们使用的计算机，并为他们提供PCVR眼镜等设备；还有一间为儿童讲故事的故事室。图书室设于三楼，附设环境安静的阅览室。这里没有门卫，也没有安检，人们可以自由进出。除餐饮收费外，其他项目全是免费的。不难看出，这是一个可以自由交流、分享、互动的开放式空间。"开放"既是空间的特色，也是服务的特色。

赫尔辛基中央图书馆为人们提供了多种多样的空间，为人们提供了增长知识、学习技能的条件，也为人们提供了开阔视野、缓解压力和全面发展的机会。

北京平谷中信金陵大酒店也有类似的特点。该酒店位于山区，但山体不高，植被茂密，有绝佳的生态环境。酒店与自然融为一体，空气中饱含负氧离子，故被称为"会呼吸的酒店"。酒店的一个最大特点也是一个最显著的优点，是配套设施完善，不仅能为客人提供良好的食宿条件，还有湿地公园、儿童活动池、热带温室、球场、泳池、健身房等设施。在这里，客人可以在园区骑行，可以采摘水果、划船、喂鱼和养羊。由此可以看出，这里的条件，一定有利于促进人们的全面发展，促进人的身心健康。

图11-1是该酒店面向远山的健身房的内景，图11-2是该酒店大堂的内景。

图11-1 中信金陵大酒店健身房内景

图11-2 中信金陵大酒店大堂内景

北京微软大厦的"微软生活社区"由WTL Design设计。其突出表现是充分调动人的视觉、听觉、嗅觉和触觉，让员工在工作的间隙，有可能喝杯咖啡，看三五页书，或者放松冥想，充分享受哪怕片刻的悠闲。该环境以暖色为基调，吊灯也以暖色光源取代了冷色光源。空间内有较多绿植，通过与大窗看到的自然景观相呼应。图书区的墙上有大幅梵高画作《红色的葡萄》，不仅强化了环境的艺术氛围，也进一步强调了暖色的分量。画的旁边有一个鱼缸，水草和游鱼给环境增添了活力，给环境带来轻松的气氛。咖啡休闲区有中式凉亭一座，还有北京古城池的地图，与大厦之外的景观相呼应，为环境增添了北京的文化色彩。

在一般人的眼里，现代办公环境一定要以快节奏、高效率为要义，微软北京大厦生活社区的做法则考虑了员工的整体需要，创造了既有利于工作又有利于员工身心健康的环境（图11-3、图11-4、图11-5、图11-6）。

图11-3 微软生活社区中的室内绿植

图11-4  微软生活社区中的《红色的　　　图11-5  微软生活社区中的吊灯与绘画
　　　　葡萄》

图11-6  微软生活社区中的中式亭子

　　近年来，人的全面发展的理念逐步被室内设计界和相关人士所接受。一些酒店在大堂设置图书角，一些商厦在商品销售区开辟出书店、画廊、展厅、健身房等都是一些很好的证明。图11-7是设于酒店大堂的图书阅览厅，图11-8是在商厦举办石雕展览的情景。

图11-7　酒店内的阅览厅

图11-8　商厦内的石雕展

## 三、促进人与人、人与社会的和谐共处

日本大阪车站前有一个可供人们进行多种交流的空间场所，该场所的经营管理者自称它为"知识之都"，并精心策划着一场场关于产业创新、文化交流以及人才培养方面的活动。前来参加活动的人，有商场的顾客、写字楼的职员、酒店的房客以及外地的旅游者。他们身份不同，职业各异，却都有机会在这里学习到新的知识，获得社会动态，了解科学技术的前沿。我国深圳等地的诸多地下广场经常举办讲演、娱乐、演出等活动，其功能更显丰富。大阪和深圳的做法，给人们提供了人与人、人与社会接触的机会，其理念和做法值得参考和借鉴。

## 四、促进人与自然的和谐共生

促进人与自然的和谐共生，首先是要让人们有更多的机会接近大自然和欣赏大自然，而不是让人们蜷缩在混凝土框架和玻璃门窗构成的空间内，享受所谓的豪华与尊贵。

泰国普吉岛有一处集酒吧、咖啡厅和餐厅为一身的西餐厅，它掩映在众多的棕榈树下，分上下两层。上有硕大屋顶，覆盖着开阔的空间，人们可以坐在垫子上，也可以席地而坐，一边用餐一边赏景。阵阵凉风吹来，人人神清气爽，惬意之状，令久居城市之人难以想象（图11-9、图11-10、图11-11）。

图11-9　餐厅景观之一

图11-10　餐厅景观之二

图11-11　餐厅景观之三

促进人与自然的和谐共生，除努力创造条件让人们接触自然、欣赏自然外，还需保护自然，维护完好的生态。要做到节能、节材、节水，减少废气、废水、废渣的排放和噪声的产生。对已经受到损害的生态环境要进行修复。

建筑装修是消耗建筑材料和水电的大户，也是产生建筑垃圾和废气、废水和噪声的大户。应适时采用先进技术手段和传统但又有效的土办法，达到节能减排、低碳环保的目的。

目前，中国建筑的平均寿命只有短短的25至30年。建筑装修的寿命更短，商业和服务业的空间环境差不多每两年到四年就要或大或小地装修一次。如此迅速的拆建过程，不仅消耗大量能源与资源，还会产生大量废弃物，伤及本就面临危机的大自然。

钢材和水泥是建筑工程和装修工程的主要材料，我国每年消耗的钢材和水泥约占全球消耗总量的40%，但烧制水泥的原料之一石灰石 存量已经有限，有人估计，最多还能开采30年。瓷砖是主要的装修材料，其主要原料高岭土储量同样越来越少。在很多人看来，用于建筑工程和装修的沙子是取之不尽用之不竭的，其实，全球性的沙荒已经迫在眉睫，以至于在2019年，联合国便把"沙荒"问题提到了议事日程上。需要说明一下，建筑和装修用的沙是河沙或湖沙，并非沙漠之沙，产量是相当有限的。

与消费资源相对应的是废弃物的大量排放。目前，我国排放的建筑垃圾主要为碎砖、碎混凝土、砂浆、桩头和包装物，处理的主要方式是填埋，利用率只有17%。填埋建筑垃圾必然占用大量土地，污染相关环境，导致垃圾围城，不良后果极难根除。对于上述情况，室内设计师已经有所警觉，并正在采取一些应对措施。

美国马萨诸塞州的沙丘公寓是一栋私家别墅。该别墅的室内设计有诸多特点，在节能环保方面也采取了许多有效的措施。别墅外墙由粉煤灰混凝土砌块砌成，门窗有三层隔热玻璃，屋顶的大部分用产于本地的植物覆盖，室内柜橱的镶嵌面板都是由竹子制成的。电力来自太阳能电池板和微型风力漩涡机，多余的电力可随时储存，待日后使用。有雨水收集和处理系统，可以提供饮用水，洗澡和淋浴系统的用水则用经过过滤后的地下水。有地热系统为别墅供暖，地下的生态混凝土室可以调控温度，使房间冬暖夏凉。别墅面对大海，能够令人陶醉在海岛风情之中（图11-12、图11-13）。

图11-12 沙丘公寓外景

图11-13　沙丘公寓餐厅内景

　　通过以上分析可以得出以下结论：解决"一个危害"和"三个疏离"的问题是一个艰巨的任务，需要各级政府、团体、专业人士和社会公众共同努力，并要长期坚持下去。室内设计所能起到的作用相对有限，但绝非可有可无。室内设计一定能够为完成这一艰巨的任务做出自己的贡献。

# 【小结与提示】

工业化带来许多负面影响，从对人类自身和人与环境的关系看，可以概括为"一个危害"和"三个疏离"。"一个危害"是危害了人的全面发展，"三个疏离"是人与人的疏离、人与社会的疏离以及人与自然的疏离。这种负面影响似乎没有直接涉及人的冷暖和饥饱，但危害程度远比冷暖和饥饱更甚。人离不开社会，更离不开自然，人的全面发展也不仅仅表现在身高、体重等几个方面。

创造良好的、有利于人的全面发展的大环境，让人们有更多接触社会和自然的机会，是政府、民众团体和全体社会成员的共同任务。其中，室内设计师所能起到的作用无疑是有限的，但是毋庸置疑，良好的室内环境对消弭"一个危害"和"三个疏离"是有益的，也就是说，室内设计师在这方面是能够有所作为的。

关键是要尽量创造一些有助于身心发展的室内环境，特别是引人注目、诱人参与的环境，让人们在与他人和大自然的接触与交流中，获得满足，健康成长。

图11-14所示的室内环境，丰富而不奢华，活跃而有秩序，具有一定的私密性，又与外部

图11-14 诱人参与的室内环境

的自然环境相沟通，无疑是一处诱人的场所。在这里人们既可享受美食，也可相互交流，并在这一过程中增进亲情、爱情和友情。诸如此类的室内环境对加强人与人的交流必将具有积极的作用。

亲近自然、欣赏自然、投身于大自然的好处已经逐渐为人们所重视，现在的问题是要为人们提供与大自然和谐共处的机会与条件。从本章所提供的一些实例可以看出，除了在室内增加插花、盆景等方法外，更要采用引进自然景观、沟通内外空间等方法，强化人与自然的联系。

苏州留园五峰仙馆前的隔扇门可以全部开启，也可以全部封闭。开启时，内外空间融合为一体，置身于室内的人们也仿佛置身于大自然。其成功经验值得借鉴（图11-15）。

图11-15　室内外融合的环境

# 第十二章　诗意地栖居

## ——只是共同理想，并无统一模式

诗意，按字面解释就是诗的意境。这是一种中性的解释，如果从积极的方面做解释，就是艺术作品具有耐人寻味、令人欣赏、让人喜爱的意境；就建筑环境而言，则是具有能够令人心旷神怡的特性。"诗意栖居"这个词近年来频繁出现，人们谈论其内涵，也在致力营造富有诗意的环境。

"诗意栖居"出于德国19世纪浪漫派诗人荷尔德林的一首诗《人·诗意地栖居》。荷尔德林写这首诗的时候，已经贫病交加，甚至已经居无定所。但他却以特有的敏锐，意识到工业文明已使人类异化，他写这首诗就是呼吁人们重新寻找回家的道路。20世纪存在主义哲学创始人海德格尔对荷尔德林的诗句进行了阐释，进一步提出了"诗意地栖居在大地上"的名言。由此，人们便开始沿着两位学者的思路，探寻人类栖居的真谛。

荷尔德林在诗中的原话是"充满劳绩，但人诗意地栖居在这片大地上"。这里的"充满劳绩"应指人正在为衣食住行而忙碌，也就是正在为金钱而忙碌，而如此忙碌的人，在诗人看来是很难诗意地栖居的。还应该注意的是，诗人所说的栖居，并没有特定的场所，如住宅或者别墅，而是笼统地说"在这片大地上"。由此也可推断，他所说的"诗意地栖居"很可能是指人在社会上的生活状态。

为此，让我们读一读他的另外一首诗《远景》：

"当人的栖居生活通向远方，在那里，在那遥远的地方，葡萄闪闪发光。那也是夏日空旷的田野，森林显现，带着幽深的形象。自然充满着时光的形象，自然栖留，而时光飞速滑行。这一切都来自完美。于是，高空的光芒照耀人类，如同树旁花朵锦绣。"

从这首诗中我们可以大致看出，诗人所说的诗意地栖居不在眼前，而在远方。对于诗意栖居的环境，并未做出具体描述，更没有给出固定的模式。他描述的是人们的生存状态，他倡导的是人们心灵的解放和自由，大方向是引导人们寻找真正的精神家园。从诗中，我们只能看到诗意地栖居的大轮廓：与大自然紧密结合，既能享受自己的劳动成果，又能欣赏大自然的完美表现。

荷尔德林和海德格尔提出"诗意地栖居"是有特定的时代背景的。其背景就是工业革命带来的人的个性泯灭以及生活的刻板化与碎片化。所谓刻板化，是指事物的彼此重复，千篇一律；所谓碎片化，是指人与自然脱节，感性与理性脱节。许多人沉迷于名利，无节制地追求所谓的豪华、奢侈的物质生活。诗人在这种背景下提出诗意地栖居的理念，就是要消解工业革命带来的弊病，实现人与自然的和谐，感悟情感之可贵，读懂人性之善，体味艺术之美。总之，就是要更多地关心人的精神生活。

从室内设计角度看，荷尔德林和海特格尔关于诗意地栖居的论述，是"方向"，而不是"方案"。但这"方向"对"方案"的形成具有重要的启示。

事实上，环境是否具有诗意不是绝对的，它与人、时间和地域具有密切的关系。

首先，它与人的情感体验相关联。不同的人对同一环境的感受可能是不同的，这决定了他们是否能够发现环境之美，即是否具有一双能够发现美的眼睛。正如德国雕塑家奥古斯特罗丹所说："世界并不缺少美，而是缺少一双发现美的眼睛。"

清代文人郑板桥曾经这样描述自己的住宅："余家有茅屋两间，南面种竹，夏日新篁初放，绿荫照人，置一小榻其中，甚凉适也。秋冬之季，取围屏骨子，断去两头，横安以为窗棂，用均薄清白之纸糊之。风和日暖，冻蝇触窗纸上，冬冬作小鼓声。于时一片竹影零乱，岂非天然图画乎"。从上面这段话可以看出，郑板桥对这两间茅屋十分钟爱。由此，甚至可以得出结论，郑板桥已经实现了诗意地栖居。但如果问问郑板桥的亲朋好友、左右邻居，他们对这两间茅屋也同郑板桥一样的钟爱无比吗？答案是未必。估计会有不少人觉得这样的居所有些简陋，谈不上具有令人欣赏的诗情画意。进一步说，生活在21世纪的人们会把郑板桥的两间茅屋作为"诗意地栖居"的模式吗？绝大多数人的答案可能是"不会"，因为它根本无法满足当代人离不开水电、气、网的生活方式。

综合荷尔德林、海德格尔和郑板桥的说法，我们可以得出以下结论：具有诗意的环境必须以下列几点为前提：首先，要满足坚固、安全、防寒、避暑等基本要求；其次，要适应当代人的生活方式；再次，要尽可能地与自然融合在一起；最后，要有一定的文化内涵，能够体现诗情画意，就像郑板桥住屋周围的翠竹，能够勾起关于人的品德的联想，进而成为其诗画的素材和主题。

为了进一步了解"诗意地栖居"的真正内涵，让我们分析几个具体的例子。

例一，Second Home 在好莱坞的新办公室

　　该办公室建筑在绿化之中，被称为花园式办公共享空间。这个花园建在地下车库之上，车库上的原有建筑已被拆除。在巨大的花园中分布了60个四种不同尺寸的椭圆形办公室和会议室，可供700人同时使用。60间椭圆形空间出租给不同的公司。出租者在选择租户时注意专业上的互补性，以便咖啡厅、酒吧、休息区、会议室、办公室和露天平台等能够得到合理的使用，充分发挥各自的效能。在这里，人们与植物相处，可以360度地欣赏周围的景观，很有一种就在大自然中办公的感觉。60个办公室和会议室之外，满是花草树木，有各色蝴蝶在花间飞舞，有长尾松鼠在树间穿梭，人们无论在室内还是在室外，都能愉快地工作或与他人互动交流（图12-1、图12-2、图12-3）。该项目在环保方面也有亮眼的表现：茂密的植物可以降低环境的温度，高大的树木可以提供大片遮阳空间，园区内的两个巨大的蓄水池可以提供足够的生活用水和灌溉用水。

图12-1　办公室外景

图12-2　办公室内景之一

图12-3　办公室内景之二

例二，日本京都四季酒店

　　该酒店位于古都京都，周围有众多寺庙、宫殿和庭院。建筑总体以具有800多年历史的池庭为重点，共有120多套客房和57间公寓。设计师的主要着眼点是现代风格与日本传统风格融合，工匠与艺术家合作，打造古今交融、简约奢华、宁静雅致、贴近自然、具有世外桃源特点的项目（图12-4）。

图12-4　日本京都四季酒店庭院

在建筑与装修中，优先采用了原木、石、纸等相对质朴的材料。酒店大堂采用落地门窗，将池庭与室内在视觉上连成一体。隔扇、墙壁、灯具、地板等有樱花图案，还布置了许多漆器和瓷器，强调了民族性和地域性（图12-5）。大堂周围有多家餐厅和酒廊，它们与室外景观相呼应，顾客们可以在进餐品茶之时，尽收樱花、竹林、红叶等四季美景（图12-6）。客房宁静私密，屏风上有当地艺术家的作品。橡木窗框犹如"画框"，把室外景观嵌入其中，转化为美丽的图画（图12-7）。

图12-5　日本京都四季酒店大堂

图12-6　日本京都四季酒店茶室

图12-7　日本京都四季酒店客房

例三，安吉悦榕庄度假酒店

该酒店位于浙江省湖州市安吉县的风景区，建成于2018年，周围有群山环绕，翠竹掩映，茶花飘香。建筑顺应地形，工整自然，精致潇洒，既有现代气息，又有宁静的氛围。

设计突出体现了在地性，整个建筑以四合院的面貌出现，沿着一条水系连续布置了大堂、大堂吧与尚书吧。屋顶部分采用了中国传统建筑当中常用的木结构，主要装修材料为竹木，有明显的中国文化气息。大堂内有诸多带有中国文化韵味的盆景和雕塑，由金属装饰的吊灯和由实木、钢等组合的艺术家具，均将古今文化熔于一炉。大堂吧位于水池的一侧，设现代中式休闲沙发组，客人在此既可品茶，又可观景（图12-8）。尚书吧以书画、竹简等点题。中餐区类似松散的院落，由屏风分割为若干个半私密的空间，置身其中，犹如在茂林修竹之中。中餐厅的屋顶是露明的木结构，中央悬挂着大型中式吊灯（图12-9）。在61m²的客

图12-8 安吉悦榕庄度假
酒店大堂吧

图12-9 安吉悦榕庄度假
酒店中餐厅的木结构与
吊灯

房中，松、竹、梅等主题充分地反映在艺术品、背景墙和地毯上。线式照明与点式照明相结合，共同展示了空间的轮廓。卫生间宽敞而私密。室外露台设有小型咖啡座，从这里能够清晰地看到园林、池水和远山（图12-10）。

例四，竹建筑文创生活村落

浙江龙泉有一处隐居龙泉国际竹建筑文创生活村落，该村落本是一个国际竹建筑双年展的展示区，集中展示着八个国家11位建筑师设计的神奇美丽的竹建筑。隐居酒店集团接手之后，则把它打造成了一处隐居于山谷深处的世外桃源。这里有一处旅游集散中心，一组含有50间风景客房的度假村，一处当代青瓷艺术馆，一处当代艺术美术馆，一个超大的创新会议中心，还有研发中心、剧场、餐厅、咖啡馆等多种文化、休闲、餐饮建筑。这些建筑都是用竹子构建而成的，就连室内的灯具也是用竹篾编制的。

图12-10　安吉悦榕庄度假酒店客房外的小露台

与城市多见的钢筋混凝土建筑和砖石建筑相比，以天然竹材作为主要建筑材料，更加符合低碳环保的要求，更能体现自然、清新、柔美、富有弹性的个性，也更能显示传统工匠、传统工艺的风采。这是一处自然存在于建筑、建筑隐身于自然的所在，是一处集建筑、艺术、人文与自然为一体的空间环境（图12-11、图12-12）。

图12-11　竹建筑文创生活村落外观

图12-12　竹建筑文创生活村落内景

列举以上几例，目的不是寻找诗意建筑环境的标准和方案，而是想从中找到正确理解"诗意地栖居"的线索和启示。无论从理论上看，还是从实践上看，诗意的建筑环境都不可能有什么具体的样板，因为诗意的建筑环境是相对的，不是绝对的，是动态的，而不是静态的；不同的人有不同的标准，不同的时代也有不同的标准。它是一个大方向，是广大建筑师、室内设计师和广大群众的共同追求和理想。

但从另一方面来说，诗意地栖居也并非不可捉摸。上述几个例子的共性就是诗意环境应该具备的必要条件，包括满足使用要求、契合当代人的生活方式、与自然环境相融、具有文化内涵等。

只有具备上述条件，能够被使用者接受和欣赏的建筑环境，才有资格被称为诗意的环境，其使用者也才可以说是进入了诗意地栖居。

# 【小结与提示】

本章的主题已经体现在标题中，即"诗意地栖居"是一种愿望，并无固定的模式。现在需要进一步明确的问题是：什么是"诗意地栖居"，荷尔德林和海德格尔提出"诗意地栖居"的背景和真实含义是什么，以及真正实现"诗意地栖居"所应具备的条件。

"诗意"的本意是指一种能够给人以美感或有强烈的抒情意味的意境。"诗意地栖居"，就是要生活在富有"诗意"的建筑环境中，追求心灵深处的满足，并获得审美体验。

荷尔德林提出"诗意地栖居"，并非确指人们应该居住在哪里，而是要人们找到一种合乎逻辑的生活态度。他以诗人的直觉，敏锐地意识到科学的进步和工业文明的发展，已经使人们逐步异化：人的能动性逐渐消失；人的本性逐渐为技术所控制；人的价值逐渐被技术所消磨。他把"栖居"与"绩"相对立，就是倡导人们摒弃为名利奔波的状态，通过"栖居"找到一种平静安详的感觉。他与海德格尔一道倡导"诗意地栖居"的初衷，就是通过艺术化和诗意化的生活，抵制工业文明带来的个性泯灭以及生活的刻板化和碎片化。

所谓刻板化，是指工业文明为了批量生产和使用方便，把一切都变得千篇一律；所谓碎片化，是指人与自然脱节、感性与理性脱节，人已成为物化的存在，并成为机械生活的整体的碎片。"诗意地栖居"有两个核心的内容：一个是人格上的独立，另一个是与万物和谐共处。具体地说，"诗意地栖居"就是要赏心悦目地生活，不要把物质享受作为幸福生活的唯一标准，而要实现自身精神品质的提升；同时，还要摆脱以人为中心的思想观念和狭隘的功利主义，用谦虚而又开阔的眼光看待大自然，实现人与大自然的和谐共处。

"诗意地栖居"，反映了一种从容、平和、善意的生活态度，也昭示了一种热爱生活的理念。有些人物质生活富裕了，精神生活反而贫乏了。他们逐步被功利化的思维所捆绑，成了物质的奴隶，已经丧失了诗意的灵性和对于精神生活的追求。应该找到"回家之路"，享受诗意的生活。

鉴于对"诗意地栖居"有如上的理解，可知"诗意地栖居"确实是一种值得我们追求的生活方式，但又难以形成固定的模式。这不仅是因为荷尔德林和海德格尔本人没有提出具体的模式，更因为不同时代、不同地域的不同人对"诗意地栖居"的理解与要求可能是完全不同的。笔者在本章正文中提出的条件，能够大体反映当代人对于"诗意地栖居"的理解与要求，但也只是必要条件而不是充分条件。

为了更加具体地了解人们对"诗意地栖居"的理解与要求，推荐一首白居易的诗《玩新庭树，因咏所怀》和明代散文家归有光的散文《项脊轩态》，让我们一起看看大诗人白居易和散文家归有光心目中的"诗意地栖居"大致是一个怎样的状况。《玩新庭树，因咏所怀》

的内容是"霭霭四月初，新树叶成阴。动摇风景丽，盖覆庭院深。下有无事人，竟日此幽寻。岂惟玩时物，亦可开烦襟。时与道人语，或听诗客吟。度春足芳色，入夜多鸣禽。偶得幽闲境，遂忘尘俗心。始知真隐者，不必在山林"。归有光在自家的庭院和房舍翻修后写的《项脊轩志》的内容是"前辟四窗，垣墙周庭，以当南日，日影反照，室始洞然。又杂植兰桂竹木于庭，旧时栏楯，亦遂增胜。借书满架，偃仰啸歌，冥然兀坐，万籁有声；而庭阶寂寂，小鸟时来啄食，人至不去。三五之夜，明月半墙，桂影斑驳，风移影动，珊珊可爱。"

白居易与归有光分别生活在唐朝与明朝，但两人的庭院和房舍却有许多相同和相似之处，如浓郁的文化氛围，富有生机的田园气息，人与自然共存的局面。当然，更有作者能够欣赏美景的良好心态和审美能力。而这一切在今天的建筑环境营造中仍然是不可或缺的。

总之，"诗意地栖居"应是具有诗意的建筑环境与能够欣赏和钟爱这种建筑环境人的统一，即主观与客观的统一。

# 第十三章　在与时俱进中坚守本源

## ——代小结

室内环境充满矛盾。室内设计师进行设计的过程就是妥善处理这些矛盾的过程。

室内环境的不断发展是由其内因决定的，这个内因就是人们对于美好室内环境的不懈追求，追求无止境，室内环境的发展也就无止境。

室内环境的发展又为外因所制约，诸多外因可以概括为两大因素，即地理因素和人文因素，也可概括为三大环境，即自然环境、人工环境与社会环境。地理因素与人文因素对室内环境发展的影响力大小不等，存在着此消彼长的情形，均与时间与空间即时代与地域有关系。

室内环境的发展过程是由简到繁、由低到高、逐步提升、逐步完善的过程。

从室内环境与人的关系看，室内环境必须首先满足人们关于坚固、实用、安全、可靠的需求，因为这是满足其他需求的前提和基础。人类的祖先之所以要营造巢穴，首要的也是唯一的目的就是要为自身和家人提供一个能够遮风雨、避寒暑、御禽兽的庇护所。在极端原始的条件下，一处坚固、实用、安全、可靠的巢穴，就是他们赖以生存的也是他们心满意足的安乐窝。其实，即使到了可以营造宫室的时候，人们依然把实用要求放在第一位，正如墨子所说："为宫室之法，曰：室高足以辟润湿，边足以围风寒，上足以待雪霜雨露，宫墙之高，足以别男女之礼。"（《墨子》）。

时至今日，社会生活日益丰富，人们对室内环境有了更为广泛的要求，原有意义上的坚固、实用、安全、可靠等要求也随之有了更多新的和更加具体的内容。鉴于以上情况，今日之室内设计应该及时引入"通用无障碍"的设计理念，体现平等、包容、共享的原则，全面关注包括残疾人和老弱病孕在内的全体民众的身心健康，充分考虑所有人的体能和感知能力，为他们提供完善、安全、便捷、温馨、舒适的室内环境。

从室内环境与相关环境的关系看，人们最初关心的只是与室内环境直接相关的环境，例如如何就地取材、因地制宜等。直到环境意识进一步增强，才开始关注室内环境与更大环境的关系，即与整个自然环境、人工环境和社会环境的关系：一方面要充分利用大环境的有利条件，规避其不利影响；另一方面还要充分预计营造室内环境是有利于大环境还是有损于大环境，如果能够创造条件改善大环境，那将善莫大焉。

综合分析室内环境与人和大环境的关系，可以看出，室内环境实际上是沿着两条平行的线路发展的：一条是以人为中心的线路，即全面满足人的物质需求和精神需求。将室内环境由"可用"提升至"宜用"，再提升至"乐用"；逐步实现由"可居"到"宜居"再到"乐居"；由"可业"到"宜业"再到"乐业"；由"可游"到"宜游"再到"乐游"，实现真善美的统一。另一条是与大环境和谐共生的线路，即全面改善人与人、人与社会、人与自然环境的关系。这两条线路，同等重要，缺一不可。稍有偏离，室内环境就会出现这样那样的问题。

从横向看，室内环境也有诸多矛盾。

首先，是功能的变化。室内环境的功能以不断细化、叠加、延伸、多义等形式向专业化和综合化两个方向发展，使专业化者更加专业化，使综合性强者更加具有综合性，并出现了大量介于两者之间的中间形态。

功能的变化与多样，推动了空间形态的变化与多样，各种异型空间大量涌现，与传统的、相对简单的几何形空间并存。从总体看，它们只能在各自的领域内发展完善，不可能出现彼此取代的局面。

文化的交融、智能化的推动、艺术观念和科学技术的更新与进步、室内设计师关于体现个性的创作冲动等，都将使室内环境日趋多样化，不同风格的室内环境，必然会呈现出异彩纷呈的状态。但是，作为中国室内设计师又必须把自己的双脚牢牢地踏在中华文明的沃土上，在文化交融中，坚持时代性、地方性和民族性的统一，自觉地从中华文明中吸取营养，寻找源头活水，努力创造具有中国特色的好作品。

室内环境发展与完善的大方向是"诗意地栖居"，但"诗意地栖居"并没有现成的标准和模式。这是因为不同的时代可能有不同的标准与模式，即使是同一时代，标准和模式也可能是不同的。从当今的情况看，大多数人心中的"诗意地栖居"至少要具备以下基本条件：坚固、实用、安全、可靠；适合当代人的生活方式；满足人们的精神需求；具有一定的文化内涵；具有良好的自然环境。总之，"诗意地栖居"应该是富有诗意的人与富有诗意的建筑环境的统一。

溯本清源，自古至今的建筑内环境，无一不以为人提供庇护为第一要义，故室内设计必须坚守实用、坚固、安全、可靠的本源，并全力保护好与人类的生存和发展息息相关的大环境。

极目远望，社会不断进步，人对建筑内环境的需求不断增长，室内设计必须全面考虑人的物质需求与精神需求，与时俱进，不断创新，提高品质，彰显个性，走向百花齐放、万紫千红的境界。

上面这些文字，可算是本书的小结（图13-1）。

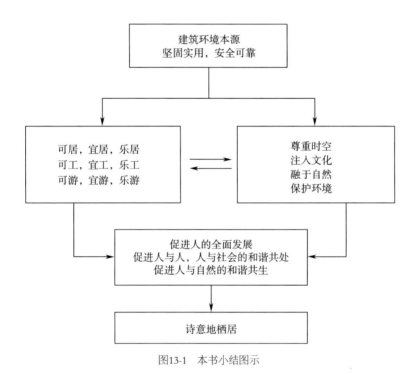

图13-1　本书小结图示

# 参考文献

[1] 余同元. 中国文化概要[M]. 北京：人民出版社，2008.

[2] 张世英. 境界与文化[M]. 北京：人民出版社，2007.

[3] 韦斯顿. 建筑梦想家[M]. 马昱，译. 北京：中国摄影出版社，2018.

[4] 罗杰斯，理查德·布朗. 建筑的梦想：公民、城市与未来[M]. 张寒，译. 海口：海南出版公司，2020.

[5] 史仲文. 文化无非你和我[M]. 北京：新星出版社，2013.

[6] 吴丹毛. 文化精神[M]. 郑州：河南人民出版社，2012.

[7] 罗利建. 文化大国之希望：待发的儒道软实力[M]. 北京：中国经济出版社，2012.

[8] 西蒂. 内表面与材料[M]. 大连：大连理工大学出版社，2009.

[9] 高金波. 智能社会，打造未来全新商业版图[M]. 北京：中信出版集团，2016.

[10] 于婉莹. 人文清华的艺术理想[M]. 北京：清华大学出版社，2021.

[11] 赫拉利. 未来简史：从智人到智神[M]. 林俊宏，译. 北京：中信出版集团，2017.